A NOVA ERA DO DIREITO

inteligência artificial e a evolução do sistema jurídico

Organizadores:
Heloisa Rodrigues da Rocha
Alfredo Freitas

Autores:
Thamyris Corrêa Cardoso, Luiz Augusto Ribeiro dos Santos Filho, Elisangela Veiga Pontes, Barbara Lucia Tiradentes de Souza, Thalles Jarehd Tiradentes Vaz, Rodrigo Monteiro Custódio, Ana Paula Dambrós M. Matzembacher, Pedro Henrique Meirelles Borsari, Luis Filipe Lemos Almeida, Viviane Ramone Tavares e Marcio Henrique Cruz Pacheco

Publisher: Washington & Lincoln University Press
First edition: NOVEMBER 2025 (Revision 1.0)

Authors: Heloisa Rodrigues da Rocha; Thamyris Corrêa Cardoso; Luiz Augusto Ribeiro dos Santos Filho; Elisangela Veiga Pontes; Barbara Lucia Tiradentes de Souza; Thalles Jarehd Tiradentes Vaz; Rodrigo Monteiro Custódio; Ana Paula Dambrós M. Matzembacher; Pedro Henrique Meirelles Borsari; Luis Filipe Lemos Almeida; Viviane Ramone Tavares; Marcio Henrique Cruz Pacheco.
Title: A nova era do Direito: inteligência artificial e a evolução do sistema jurídico
Cover design: Washington & Lincoln University Press
Book design: Washington & Lincoln University Press
Proofreading: Washington & Lincoln University Press

E-book format: EPUB
Print format: Print format: Paperback- 6 x 9 inch

ISBN: 978-1-952514-10-4 (Print - Paperback)
ISBN: 978-1-952514-09-8 (e-book – EPUB)

Washington & Lincoln University Press is a division of Washington & Lincoln University, Inc.
Orlando, FL, USA
https://press.walnuniversity.com • https://walnuniversity.com

Editora: Washington & Lincoln University Press
Primeira edição: novembro 2025 (Revisão 1.0)

Autores: Heloisa Rodrigues da Rocha; Thamyris Corrêa Cardoso; Luiz Augusto Ribeiro dos Santos Filho; Elisangela Veiga Pontes; Barbara Lucia Tiradentes de Souza; Thalles Jarehd Tiradentes Vaz; Rodrigo Monteiro Custódio; Ana Paula Dambrós M. Matzembacher; Pedro Henrique Meirelles Borsari; Luis Filipe Lemos Almeida; Viviane Ramone Tavares; Marcio Henrique Cruz Pacheco.
Título: A nova era do Direito: inteligência artificial e a evolução do sistema jurídico
Design da capa: Washington & Lincoln University Press
Projeto gráfico: Washington & Lincoln University Press
Revisão: Washington & Lincoln University Press

Formato e-book: EPUB
Formato impresso: Capa mole - 6 x 9 polegadas

ISBN: 978-1-952514-10-4 (Impresso – capa mole)
ISBN: 978-1-952514-09-8 (e-book – EPUB)

Washington & Lincoln University Press é uma divisão da Washington & Lincoln University, Inc.
Orlando, FL, USA
https://press.walnuniversity.com • https://walnuniversity.com

NOTA DOS ORGANIZADORES

A Inteligência Artificial (IA) pode ser essencial para combater a crise do Poder Judiciário, que lida com 82,7 milhões de processos pendentes e uma taxa de congestionamento de 60,76%. Ferramentas de IA podem promover celeridade e uniformidade de decisões. A IA também é utilizada nos Tribunais de Contas para otimizar a fiscalização de gastos públicos.

Apesar dos benefícios, o uso da IA traz desafios críticos, especialmente em sistemas de Civil Law, onde há risco de vieses algorítmicos, desumanização da aplicação do Direito e insegurança jurídica devido à pluralidade de interpretações

É imperativo estabelecer frameworks de Governança de IA (transparência, ética, responsabilidade) para proteger os direitos fundamentais. Ainda, a regulamentação se faz necessária para abordar temas como a responsabilidade civil de sistemas autônomos e o direito à revisão das decisões automatizadas (já na Lei Geral de Proteção de Dados e em debate no PL 2338/2023).

Este livro se debruça sobre essas questões.

Os capítulos deste livro, escritos por mestrandos e mestres em Direito pela Washington & Lincoln University, fornecem uma visão abrangente sobre a crescente adoção da Inteligência Artificial (IA) no setor jurídico brasileiro, especialmente no Poder Judiciário e nos Tribunais de Contas, com o objetivo principal de aumentar a eficiência e a celeridade processual. Os autores destacam que o sistema de justiça no Brasil enfrenta uma crise de litigiosidade e congestionamento, o que torna o uso da IA pelos Tribunais, por meio de ferramentas como o Sinapses, uma solução crucial para otimizar processos e análises de grandes volumes de dados.

Contudo, os autores também exploram os desafios éticos, regulatórios e de governança inerentes ao uso da IA, incluindo a necessidade de transparência, mitigação de vieses algorítmicos e a garantia da segurança jurídica em um contexto de livre convencimento motivado. Há um foco na importância de quadros regulatórios adequados, como o Projeto de Lei nº 2.338/2023 e a Lei Geral de Proteção de Dados (LGPD), para proteger os direitos fundamentais e garantir a supervisão humana sobre decisões automatizadas, assegurando que a inovação tecnológica no Direito seja responsável e equitativa.

Nota de responsabilidade

Os artigos e ensaios reunidos nesta obra são de inteira responsabilidade de seus respectivos autores. As opiniões, interpretações e conclusões expressas não refletem, necessariamente, a posição dos organizadores nem da instituição editora.

APRESENTAÇÃO

É com grande satisfação que apresentamos esta obra, tão relevante e oportuna! Este livro congrega reflexões essenciais sobre o impacto transformador da Inteligência Artificial (IA) no cenário jurídico e institucional brasileiro, explorando desde a otimização da prestação jurisdicional e o controle de gastos públicos até os complexos desafios éticos e de governança que acompanham essa revolução digital. A seguir, apresentamos um breve panorama dos capítulos que compõem este volume.

Iniciando as reflexões, o capítulo "O Direito das máquinas" enfatiza que o estudo das Ciências Jurídicas não deve perder seu parâmetro social e antropológico, reconhecendo que o Direito Digital e a Inovação com a IA significam a alteração de ferramentas e a criação de novas extensões de nós mesmos. Em última análise, o capítulo busca discutir o contexto adjacente para permitir o avanço e a evolução tecnológica sem que se perca o controle sobre a tecnologia, que é o produto de nossa própria inteligência.

O artigo "Direito e Inteligência Artificial: Ética, Moral e Justiça associados a Sistemas Autônomos e Inteligentes" reflete sobre como a sociedade brasileira se desenvolve dependendo do avanço tecnológico (cibernética), enquanto as leis, em algumas áreas como a tecnologia, não acompanham o mesmo ritmo. A transformação digital, impulsionada por Big Data, Blockchain, IoT e IA, veio para enriquecer todas as áreas, sendo a nova tendência mundial, e embora a tecnologia não mude o Direito em sua essência, ela exige que os profissionais jurídicos se adaptem e se capacitem permanentemente. O capítulo aborda a IA como uma das grandes conquistas científicas que visa otimizar serviços e automatizar o processo cognitivo, mas alerta para a necessidade de regulamentações de segurança legal e responsabilidade civil dos sistemas autônomos e inteligentes para que os humanos não sejam responsabilizados unicamente em caso de danos materiais ou morais.

O capítulo "Inteligência artificial e o direito: inovações, riscos e desafios para o ordenamento jurídico brasileiro" foca nas transformações que a IA está provocando na administração da justiça, promovendo maior eficiência, agilidade e precisão na resolução das demandas jurídicas. Por outro lado, o estudo aborda os riscos e desafios que essas inovações trazem, como a responsabilidade civil por decisões automatizadas, a ética no uso da tecnologia e o risco de viés algorítmico, o que exige a urgente necessidade de regulamentação específica no Brasil. O Direito é visto como uma área de grande potencial de transformação, na qual a IA pode ser usada para estruturar bancos de dados e desenvolver sistemas probabilísticos de suporte à decisão, e o objetivo da pesquisa é analisar esses impactos, buscando adaptar a legislação para assegurar a segurança jurídica e a proteção dos direitos e garantias fundamentais da pessoa humana.

Já em "Governança de Inteligência Artificial: perspectivas e desafios", a IA é destacada como a tecnologia central da Quarta Revolução Industrial, com capacidade de expressar raciocínio e capacidades psicológicas humanas. Apesar dos vastos benefícios, o capítulo enfatiza que o uso e desenvolvimento da IA também relatam riscos coletivos e individuais que podem colocar em perigo normas sociais e direitos básicos. Diante disso, a Governança da IA surge como um instrumento moderno para gerir o ciclo de vida da tecnologia, garantindo que desenvolvedores e usuários considerem normas, regras e guard rails éticos e técnicos para proteger os direitos e garantias fundamentais. O texto também detalha os três grandes tipos de modelos de regulação disponíveis para os entes públicos (Estatal, Autorregulação e Corregulação), reconhecendo a discussão em aberto sobre qual seria o framework ótimo para regular essa matéria em constante evolução.

O capítulo "O Projeto de Lei 2.338/2023, a Lei Geral de Proteção de Dados e o direito à revisão das decisões automatizadas por Inteligência Artificial" aborda um tema regulatório crucial: o direito à revisão de decisões automatizadas baseadas em IA. A autora justifica o estudo pelo fato de o crescente uso da

IA poder resultar na violação de direitos fundamentais, sendo imperativo o surgimento do direito à revisão, já positivado na Lei Geral de Proteção de Dados (LGPD) e proposto no âmbito do PL 2338/2023. A metodologia empregada consiste na comparação entre as normas atuais e as propostas, a fim de verificar se o futuro regramento garantirá uma proteção maior, igual ou menor dos direitos das pessoas no que tange à revisão das decisões baseadas em Inteligência Artificial.

Por sua vez, o artigo "A utilização da inteligência artificial no Poder Judiciário Brasileiro e sua relação com a eficiência na prestação jurisdicional" aborda a deficiência do Poder Judiciário brasileiro em assegurar a razoável duração do processo, um fator que impacta negativamente o desenvolvimento econômico e a segurança jurídica. Com um acervo de mais de 82 milhões de processos pendentes de julgamento em 2024 e um tempo médio de tramitação de cerca de 3 anos e 4 meses, a necessidade de meios mais céleres e eficientes é evidente. Diante deste cenário de morosidade processual, o artigo propõe, sob a perspectiva da análise econômica, demonstrar se a implementação da IA – por meio de ferramentas como o Sinapses, já em andamento em 140 projetos em 62 tribunais – pode ser um fator crucial para o aumento da eficiência na prestação jurisdicional.

Em "A aplicabilidade e os desafios da inteligência artificial como ferramenta de efetivação dos direitos à duração razoável do processo e à segurança jurídica no Brasil e em demais países adeptos do Civil Law", a discussão se volta para o papel da IA na sociedade, reconhecendo-a como uma realidade em ascensão, mas que requer questionamentos sobre seu real impacto positivo. Na seara jurídica, apesar de a IA ser uma aliada poderosa pela capacidade de padronização, ela também apresenta o risco de desumanizar o processo de aplicação do Direito e introduzir vieses algorítmicos e processos pouco transparentes. O estudo se concentra nos desafios de garantir a segurança jurídica em países adeptos do Civil Law, como o Brasil, devido à pluralidade de interpretações possíveis, e busca expandir o debate sobre o uso responsável de modelos de IA como mecanismos capazes de contribuir consideravelmente para a construção de um sistema que garanta maior segurança jurídica às relações sociais.

O capítulo "Inteligência artificial no Poder Judiciário: ferramenta de apoio ou substituta da atividade humana?" questiona o papel da IA no contexto da crise do sistema de justiça, onde o acesso à ordem jurídica justa e a uniformidade das decisões (para garantir segurança jurídica) são dificultados pela distribuição exponencial de ações, que atingiu 22.916.732 ações em 2024. Neste cenário de congestionamento elevado (taxa de 60,76%), a IA se destaca por sua capacidade de otimizar processos manuais e sua racionalidade no processamento de dados, alinhando-se aos postulados de uniformidade desejados. Assim, o artigo propõe uma reflexão aprofundada sobre o emprego estratégico da IA para enfrentar a taxa de congestionamento, pondo em perspectiva se essa tecnologia deve atuar meramente como ferramenta de apoio ou como substituta da atividade humana.

Já o artigo "Governança de Inteligência Artificial no Poder Judiciário: desafios, oportunidades e o caminho para uma justiça equitativa no Brasil" examina a IA como uma força transformadora que promete maior celeridade e otimização de recursos para o Judiciário. A autora estabelece que a implementação dessas tecnologias em um domínio tão sensível requer frameworks e modelos de governança de IA, essenciais para garantir que sua aplicação seja transparente, ética, responsável e em conformidade com princípios de direitos humanos e fundamentais. A reflexão se propõe a analisar como a IA pode ser utilizada para proporcionar uma justiça equitativa, explorando os desafios e oportunidades de governança no Brasil, e destacando a importância da observância de critérios éticos de transparência, responsabilidade, explicabilidade e supervisão humana, conforme preconiza a Resolução 615/2025 do CNJ.

Por fim, em "Inteligência artificial e os Tribunais de Contas no Brasil", a análise se concentra no uso da IA na administração pública e, mais especificamente, nos Tribunais de Contas (TCEs), que são órgãos cruciais para o controle externo e a fiscalização de gastos. A IA tem sido usada como ferramenta estratégica para otimizar processos, permitindo decisões mais rápidas e precisas através da análise de grandes volumes de dados, com exemplos práticos como as ferramentas ALICE, SOFIA (TCU) e ANIA (TCESP). O autor examina os obstáculos na adoção, incluindo a resistência à inovação e os desafios éticos e regulatórios relacionados à proteção de dados e à mitigação de vieses algorítmicos. O objetivo é analisar os limites normativos, operacionais e éticos da aplicação da IA nos TCEs, buscando contribuir para o debate sobre a modernização do controle externo e o reforço da confiança da sociedade nas instituições.

Em síntese, o presente livro se debruça sobre a profunda transformação que a Inteligência Artificial (IA) está promovendo no sistema de justiça e no ordenamento jurídico brasileiro. Ademais, oferece uma análise crítica e multidisciplinar sobre como o Direito deve se adaptar para que a IA atue como uma ferramenta de apoio, otimizando os serviços jurídicos sem comprometer os Direitos e Garantias Fundamentais.

Heloisa Rodrigues da Rocha

SUMÁRIO

SOBRE OS AUTORES

Heloisa Rodrigues da Rocha (organizadora)

Doutoranda em Direito pela Washington & Lincoln University e mestra em Direito pela Ambra University. Especialização em Direito Digital e Compliance pelo Damásio Educacional / Ibmec. Auditora federal de controle externo do Tribunal de Contas da União (TCU) desde 2012.

Alfredo Freitas (Organizador)

Diretor acadêmico e de tecnologia na Washington & Lincoln University, Orlando - FL. Responsável por método de ensino, inovação educacional, seleção, treinamento e acompanhamento de professores para cursos de mestrado e doutorado.

Thamyris Corrêa Cardoso

É graduada pelo Centro Universitário FIEO - UNIFIEO. Advogada e Consultora Jurídica nas áreas de Direito Digital e Direito Tributário, com MBA em Direito Eletrônico pela Escola Paulista de Direito e especialização em Direito Tributário e processual tributário também pela Escola Paulista de Direito. Mestranda em Direito dos negócios e das tecnologias pela Washington & Lincoln University - Orlando - EUA.

Luiz Augusto Ribeiro dos Santos Filho

Pós Graduado em Artificial Inteligence e Machine Learning pela University of Texas at Austin (2024), Bacharel em Direito pela Ambra University (2014), Mestre em Direito pela Ambra University (2021), MBA em Administração de Projetos Executivos (Unyleya), Pós Graduado em Cybercrime e Cybersecurity: Prevenção e Investigação de crimes Digitais (Unyleya),Pós Graduado em Inteligência Artificial (Unyleya 2021), MBA em Política, Estratégia e Planejamento Estratégico - CEPE 2016, MBA em Administração e Inteligência Estratégica pela Associação dos Magistrados da Escola Superior de Guerra -Delegacia da Bahia, ADESGBA, Brasil, Analista de Cyberseguranca, DPO (Data Protection Officer), Bacharel em Geofísica pela Universidade Federal da Bahia (2000) e Técnico em Processamento de Dados pela Escola de Engenharia Eletromecânica da Bahia (EEEMBa)

Elisangela Veiga Pontes

Advogada. Sócia da ELISANGELA PONTES – Sociedade Individual de Advocacia. Mestranda em Ciências Jurídicas pelo Programa de Pós-Graduação stricto sensu da Washington & Lincoln University –

Flórida, Estados Unidos. Membro do Núcleo de Pesquisas em DireitoConstitucional - NupeConst (PPGD UniBrasil). Graduada em Direito e Relações Internacionais pelo Centro Universitário Autônomo do Brasil - UniBrasil.

Barbara Lucia Tiradentes de Souza

Doutoranda em Direitos Fundamentais e Democracia pelo Programa de Pós-Graduação em Direito do Centro Universitário do Brasil - UNIBRASIL. Mestre em Ciências Jurídicas com ênfase em Solução de Conflitos pela AMBRA University. Especialista em Direito Aplicado pela Escola de Magistratura do Paraná - EMAP. Pós-graduada em Gestão Pública com ênfase em Gestão de Pessoas pelo Instituto Federal do Paraná - IFPR. Graduada em Direito pela Pontifícia Universidade Católica do Paraná - PUCPR. Professora do curso de Graduação em Direito da UNIENSINO.

Thalles Jarehd Tiradentes Vaz

Bacharelando em Direito pelo Centro Universitário de Ensino, Ciência e tecnologia do Paraná - Uniensino.

Rodrigo Monteiro Custódio

Bacharel em Direito. Mestre em Direito pela Ambra University (EUA) - Master of Science in Legal Studies - Concentration Law, Business and Technology. Especialista em Direito Digital, Inteligência Artificial e Ciência de Dados. Estudioso de temas sobre Empreendedorismo e Inovação. Advogado. Procurador do Município de Manaus/Amazonas.

ANA PAULA DAMBRÓS M. MATZEMBACHER

Advogada sócia do escritório Dambrós Advogados associados. Atuante há mais de 13 anos na área jurídica, foi Assessoria Jurídica no Tribunal de Justiça do Estado de Santa Catarina. Árbitra nomeada em mais de 600 procedimentos arbitrais. Secretária da comissão de mediação e arbitragem da Subseção da OAB de Itajaí/SC. Especialista em Direito Empresarial e em Direito Aplicado pela Univerdade do Vale do Itajaí - Univali. Graduada em Direito pela pela Universidade do Vale do Itajaí - Univali. Mestranda em Direito pela Washington & Lincoln University.

PEDRO HENRIQUE MEIRELLES BORSARI

Especialista em Compliance (FGV-SP), em direito agrário (FMP-RS) e mestrando em Compliance pela Washington & Lincoln University.

LUIS FILIPE LEMOS ALMEIDA

Mestrando da Master of Science in Legal Studies, da Washington & Lincoln University (EUA). Graduado em Ciências Jurídicas e Sociais pela Pontifícia Universidade Católica do Rio Grande do Sul. Membro da Coordenadoria Estadual da Mulher em Situação de Violência Doméstica e Familiar do Tribunal de Justiça do Rio Grande do Sul. Juiz de Direito do Tribunal de Justiça do Rio Grande do Sul.

Viviane Ramone Tavares

Advogada. Mestranda em Compliance na Washington & Lincoln University. Especialista em direito civil constitucional, direito contratual e responsabilidade civil. Bacharel em educação física. Participante do Innovation Leadershop Program Hebrew University. Data Protection Officer. Expert in Compliance pela Ambra University.

Marcio Henrique Cruz Pacheco

Conselheiro do Tribunal de Contas do Estado do Rio de Janeiro desde junho de 2022 e Presidente eleito para o Biênio 2025/2026, Marcio Henrique Cruz Pacheco é pós-graduado em Políticas Públicas pela Universidade Cândido Mendes (UCAM)/ Instituto Universitário de Pesquisa do Rio de Janeiro (IUPERJ)/ Escola de Políticas Públicas e Governo. Bacharel em Direito pela Pontifícia Universidade Católica do Rio de Janeiro (PUC-RJ), cursa o Mestrado em Ciências Jurídicas 'Master os Science in Legal Studies', na Washington & Lincoln University.

Vinícius Fagundes Tavares

[illegible]

[illegible]

O DIREITO DAS MÁQUINAS

Autora: Thamyris Corrêa Cardoso

Pré-história Digital, talvez, seja um bom nome para definir a nossa atualidade, a rápida mudança de nossas vidas e a forma como temos nos adaptado a ela, as necessidades e dependências que passamos a desenvolver, a mudança em nossa rotina, em nossa forma de pensar, na execução de nossas tarefas, em nosso comportamento e em nossa forma de relacionamentos.

A adaptação do Direito e do ordenamento se faz ainda mais necessário frente ao bombardeio de avanços e de uma crise existencial, na qual, por vezes, alguns valores, que antes eram pétreos, são facilmente abalados e confundidos. O final de uma longa história de evolução torna-se apenas o início de um novo, grande e imenso ciclo ainda imprevisível.

O estudo das Ciências Jurídicas resta infrutífero se perder o parâmetro social e antropológico. A essência do chamado Direito Eletrônico ou Direito Digital, bem como a Inovação e a Transformação Digital, enquanto novidades e resultado de adaptações dinâmicas, vem a ser justamente a noção de que mudamos as ferramentas e de que construímos novas extensões de nós mesmos.

A proposta deste capítulo é uma análise do passado, do presente e uma especulação sobre o futuro dentro do nosso tema: Inovação e Transformação Digital, com o objetivo claro de identificar se o avanço da Inteligência Artificial para uma possível e futura aquisição de personalidade jurídica por parte das máquinas poderá ser uma disrupção no mercado de inovação. Vamos entender melhor todo o contexto adjacente, a fim de que seja possível, a partir disso, avançar, evoluir e encontrar novos caminhos, sem perder o controle de tudo o que já conseguimos para o produto de nossa própria inteligência: a tecnologia.

TECNOLOGIA E TEMPO

Muito tem sido questionado sobre a questão da profundidade na época atual. Obviamente, a tecnologia mudou radicalmente nossa vida e nossa cultura. A globalização nos proporcionou atividades mais rápidas no âmbito social, troca de informações. No âmbito interior, àquilo que se refere à aceleração das atividades cerebrais. Parece que quanto mais executamos tarefas em menor tempo, mais perdemos a capacidade de reflexão. As ideias e a forma de raciocinar tornam-se rasas ou, até mesmo, por que não dizer, mecânicas.

Isso gerou diversas disrupções no mercado em geral e proporcionou avanço de toda a indústria e inúmeras inovações. Há um breve passado, os dispositivos passaram a ser vendidos como a solução para a nossa vida estressante e ilimitada. Afinal, é um tanto razoável que, com a mudança de vida, busquemos ferramentas mais apropriadas, as quais possam facilitar nossa realidade de diversas formas; quem sabe, diminuindo ainda mais o tempo e o incômodo na execução de nossas obrigações. Todavia, ao mesmo tempo, esses aparelhos nos amarram com ainda mais força à gênesis da nossa correria. As telinhas são formas de conexão e parecem suprir praticamente todas as nossas expectativas – obrigatórias e optativas, proveitosas ou irrelevantes.

Um exemplo atual: Ter um celular com acesso à internet e um mailing de contatos já limita nossa distância de boa parte das informações e das pessoas do mundo a um simples clique. Reciprocamente, pessoas e informações ao redor do mundo estão a cliques de distância. Neste caso, na facilidade reside o risco e, no risco, também reside a facilidade.

Claro que acabamos por adotar esse modo de vida, tanto na esfera individual quanto social; o que faz que seja criado um campo para a atuação do Direito, uma vez que os comportamentos e relacionamentos devem, de algum modo, ser regulamentados e resultados em ordenamento. Na verdade, a necessidade de regulamentação reside justamente na ausência de domínio de conflitos. Isso refere-se a teorias e estudos básicos sobre o surgimento do Direito e das Normas. Não entraremos neste ponto, pois há muito a ser dito, e o objetivo é apenas buscar a percepção já adquirida para torná-la a base da compreensão. Analisaremos, objetivamente, se o aceleramento da inteligência artificial, ocasionando a aquisição da capacidade e personalidade jurídica por parte das máquinas, pode ou não ser uma disrupção no futuro mercado tecnológico.

Uma breve busca em nosso banco de dados chamado memória e percebemos que, durante os últimos vinte anos, o esforço para trazer a conectividade digital com maior rapidez e mais eficácia para cada canto possível do mundo foi intenso. As conexões discadas deram lugar à banda larga que, por sua vez, tornou-se sem fio e móvel. Lógico que as atualizações não param e, mesmo hoje, para que possamos ter maior velocidade e área de cobertura, muito ainda permanece em debate e em pesquisa nas mais diversas áreas da ciência.

Em nosso cotidiano, no cumprimento de nosso papel social de internauta, acabamos por participar das mais novas redes sociais e profissionais. Não só isso, dentro dessas redes ainda participamos dos subgrupos, comunidades e círculos. À medida que aumenta o número de pessoas com que nos relacionamos virtualmente, diminuímos o número de contatos primários que passamos a ter com elas. Mesmo assim, muito embora de forma secundária, o número de interações pode vir a ser mais relevante e, por que não dizer, maior.

No finalzinho da era analógica, quando a tecnologia ainda era um pouquinho mais lenta, era mais comum passar dias e semanas sem notícias de um amigo ou familiar. Atualmente, o contato é feito o tempo todo, a todo minuto, justamente pela tal referida distância de um clique. Aliás, faz menos de cinco anos que pessoas que recebiam mais de cem e-mails por dia eram consideradas muito ocupadas e dignas de pena. Agora, isso é considerado normal, ou melhor, dignos de pena são aqueles que não recebem ao menos cem emails por dia.

Antes de seguir, façamos uma pausa para ponderações. Logicamente, estamos a falar sobre uma realidade que ainda não comporta cem por cento da nossa sociedade. Muitos ainda não possuem acesso à internet. Aliás, no caso do Brasil, muitos ainda nem são alfabetizados. Muitos não completaram a educação básica, quem dirá a educação digital. Então, é importante ter em mente que estamos a falar da nossa realidade. Entendendo como "nossa" quem já faz parte dela, o que já diz respeito, sim, a um bom número, porém, não ao todo.

Com esta base, podemos ver como é interessante observar que o status mudou de: "Preciso estar em contato" para: "Devo excluir qualquer possibilidade de não estar em contato". Alguns estudos mais aprofundados em psicologia comportamental, e até de psiquiatria, podem demonstrar melhor os riscos à saúde mental dentro deste vértice.

Um bom exemplo, todavia, é um atual problema enfrentado pela sociedade chamado de "nomophobia". Para a psicóloga Carla Ribeiro (2013), o nome se origina do inglês e significa fobia de ficar sem um aparelho de comunicação móvel - uma abreviatura de "no-mobile phobia" (medo de ficar sem telefone móvel). Ela fez um levantamento de importantes informações a respeito de como essa nova doença tem sido abordada em alguns países:

> Em países como Japão, China e Coreia do Sul, a dependência já é tratada como questão de saúde pública. Programas desses governos foram criados na tentativa de mitigar o problema. O Ministério da Educação japonês lançou um projeto que atenderá 500 mil adolescentes. Além de psicoterapia, a iniciativa definirá áreas ao ar livre nas quais os jovens serão exortados ao convívio social por meio da prática de esportes, com uso restrito às mídias digitais. Na China, o programa é militarizado, o que desperta críticas no Ocidente. " É um tratamento militar, com total restrição à mídia", diz Rosa Fahah, coordenadora do Núcleo de Pesquisa e Psicologia em Informática da PUC-SP, serviço que atende dependentes por meio de orientações transmitidas por e-mail. Na Coreia do Sul, onde cerca de 30% dos

adolescentes são viciados, os jovens passam 12 dias internados. (Ribeiro, 2013, quinto parágrafo)

Ou seja, podemos entender a nomophobia como um distúrbio que diz respeito a certos desconfortos ou até mesmo ansiedade e angústia originárias de não ter ou de ficar sem o dispositivo móvel ou sem conexão à internet. Quem sofre deste mal não larga o celular, por exemplo, nem para ir ao banheiro ou tem necessidade de olhá-lo a cada cinco minutos ou menos!

Segundo o professor de psicologia da California State University, Dominguez Hills, Dr. Larry Rosen, autor do livro iDisorder, 70% dos heavy users (usuários intensivos) de dispositivos móveis já relataram ter experimentado situações semelhantes. Tudo graças a mecanismos de resposta perdidos em nossos cérebros (Rosen, 2012).

É possível que, no futuro, com a tecnologia vestível, haja o risco da doença evoluir para novas formas, como, por exemplo, usuários de "Google Glass" começarem a ver coisas que não existem porque seu cérebro está ligado a sinais típicos do aparelho, sobretudo com a recente realidade virtual aumentada.

De tal forma, o viver simultaneamente poderá fundir-se com o "compartilhar cada momento". Opiniões, exibicionismo, qualquer ação por meio das telas tornou-se rotina. Dúzias de tarefas se acumulam e competem por atenção. Tanto os softwares quanto os hardwares são criados para facilitar o procedimento de comunicação no menor espaço de tempo possível e de forma mais eficaz. Isso faz a tecnologia avançar! De tão fácil, torna-se irresistível e, como já dito, um tanto perigoso. Não só por segurança, mas para fins de saúde, inclusive.

Embora as telas sejam pensadas como ferramentas de produtividade, elas tendem a minar a continuidade da concentração, que é a base da produtividade verdadeira. Quanto mais rápida e intensa a conectividade se torna, mais nós nos afastamos do ideal. A correria digital é, portanto, inimiga da profundidade.

Um reflexo claro da influência da tecnologia em nossas vidas pode ser observado em nosso sono, já que a luminosidade emitida por qualquer aparelho eletrônico diminui a liberação do hormônio responsável pela indução ao sono. Levar gadgets para a cama é um hábito comum, principalmente entre os jovens, o que prejudica o repouso adequado, podendo implicar, até mesmo, no desenvolvimento de doenças.

Dividir a atenção em muitas tarefas é um bom exemplo. Aliás, não apenas em muitas tarefas, basta conversar com mais de uma pessoa ao mesmo tempo em algum ambiente virtual. Embora pareça ruim, a sociedade digital nos exige este comportamento, o qual algumas pessoas possuem dificuldades em ter ou lidar, normalmente, pessoas cuja idade cronológica se distancie um pouco mais desta atualidade virtual e tecnológica.

Em nosso caso, se ficarmos sentados no escritório, por exemplo, zapeando de e-mail para e-mail e daí para as páginas da Internet, depois para o celular, indo e voltando inúmeras vezes, provavelmente perderemos todas as oportunidades de atingir a profundidade necessária para soluções mínimas quanto a um problema aparente – sim, é necessário o mínimo de profundidade para ser capaz de solucionar de forma razoável um pequeno conflito. Um bom exemplo pode ser o e-mail de um cliente pedindo melhorias inovadoras no produto de um empreendedor. Isso deveria ser o bastante para inspirá-lo a desenvolver um breve esboço de como atingir tal objetivo.

O tempo, em verdade, torna-se insuficiente e não daremos conta de cumprir o necessário se não for desta forma, com a tecnologia "a todo vapor". Por este motivo, por vezes, abrimos mão da profundidade em prol da praticidade para o alcance das metas.

Por certo que nem todos vivem assim, como já mencionado neste capítulo. Enquanto a tecnologia não for acessível financeiramente a todos, teremos uma grande porcentagem de pessoas desprovidas de tais recursos e ausentes nessa realidade. Muito embora não possamos nos esquecer de que, com a sociedade globalizada, algumas mudanças, como as tecnológicas, passam a afetar todo o mundo, até mesmo quem delas não participa de forma direta.

Este não é um mero probleminha, mas sim uma guerra gigantesca que se desenrola em nosso centro existencial. Uma batalha, digamos, pelo controle do que pensamos e do que sentimos. Se alguém passa o tempo todo correndo, é assim que a vida interior fica: corrida. A mente se acostuma com a agitação, e aí surge a sensação de que estamos muito ocupados, mesmo que não estejamos a fazer nada ou que não tenhamos necessidade de fazer nada. Nosso cérebro se condiciona a ficar em frente às telas e como quem mente para si mesmo, dizemos: Estamos muito ocupados.

Por qual motivo alguém faz isso a si mesmo? Será que queremos, de fato, esta dependência tecnológica toda? É possível escapar da situação? É possível escapar de nós mesmos? A tecnologia, criação humana, é a vilã ou somos nós os nossos próprios vilões, capazes de criar algo que possa nos destruir ou nos desviar de nossa essência natural?

Para responder a questões complexas como essas, devemos nos forçar a um exercício simples: O olhar para fora. Olhar para cada aspecto possível da nossa vida. Devemos internalizar, esvaziar a nós mesmos para encontrar as respostas, aquelas que nos são mais significativas e que podem trazer uma melhor comparação sobre o que somos de fato.

A reflexão não é necessária apenas intrinsecamente, embora deva ser a primeira; mas para o outro e para o todo, para a sociedade e os conflitos que surgem. Conflitos estes que terão repercussão no comportamento individual e grupal e sobretudo, que dependerá do Direito para regular seus limites.

Ultimamente, a experiência humana não é sobre o que acontece com a maioria, mas sobre o que acontece com cada um de nós, a cada momento. Em vez de usarmos o comum para chegar ao particular, por inúmeras vezes, uma abordagem oposta se faz gritantemente necessária.

A qualidade de vida depende disso, por tais, a situação é tão gritante que toda multidão passa a ser vista apenas como um aglomerado de pessoas, um agrupamento de indivíduos que, na ânsia de economizar tempo e expor seus pensamentos e sentimentos, fomentam e extravasam com o mais precioso bem hodierno: a informação!

Precioso bem para poucos, diga-se. Porque se todos julgassem a informação desta forma, ela não seria tão fácil e tão acessível. Preservaríamos mais nossos dados sensíveis e a chamada engenharia social não seria tão usada. Em suma, o bem precioso chamado "informação" não é reconhecido como precioso pela grande maioria ante a facilidade de obtê-la.

Sem dúvidas, uma forma eficaz de colocar os objetivos pequenos a serviço dos grandes. Tecnologia e informação envolvem redução de custos, aumento de área de alcance e de produtividade, garantem gerência organizada, e, por vezes, maior faturamento. O preço? Nós!

Tão de carne quanto nossos músculos, nosso cérebro precisa de exercícios. Nossa capacidade depende de constantes repetições para atingir a superação. Se delegamos nossas faculdades mentais à tecnologia, com o tempo, podemos perder-nos e perder o monopólio do ato privativo do ser humano: o pensar.

Neste caso, considerando todas essas questões preliminares, passaremos por um breve estudo sobre a inteligência artificial e, posteriormente, analisaremos se há ou não o risco de máquinas adquirirem personalidade jurídica e quais seriam as implicações disso para o mercado tecnológico em termos de disrupção, inovação e transformação digital.

INTELIGÊNCIA ARTIFICIAL

Para compreender o que significa, em essência, o termo "inteligência artificial", antes é necessário que possamos compreender o que significa e o que compõe a inteligência humana; para isso, podemos compreendê-la como um conjunto de funções que o homem inatamente possui, que ao longo da vida vai desenvolvendo e crescendo; que o ajudam a adaptar-se ao meio em que vive bem como a tomar decisões e a escolher perante os obstáculos que se apresentam.

Como surgiu a inteligência humana? Por óbvio todo progresso é derivado dela e ainda não há uma teoria aceitável que defina sua origem, mesmo porque os quocientes de inteligência (QI) variam entre os indivíduos. Uma reflexão aceitável seria partir do ponto de vista evolutivo, novamente sem interesse em nos aprofundarmos muito em Darwin, contudo, avaliar as transformações e adaptações que nossa espécie sofreu ao longo de milhares de anos revela vestígios que não podem ser ignorados pela ciência.

Talvez a postura bípede seja um indicador de evolução cognitiva humana e uma grande disrupção tecnológica à época em sua efetivação. Talvez a necessidade de sobrevivência e de melhores condições de vida tenha forçado, progressivamente, a nossa capacidade intelectual a se aprimorar.

Após a postura bípede, a linguagem e a fala, ou mesmo outras formas de expressão, contribuíram para a formação de nossa inteligência, uma vez descoberta a percepção de que sobreviver em grupo seria mais fácil. O interessante é que, se visualizarmos por este ângulo, perceberemos que levamos milhares de anos para que, passo a passo, pudéssemos chegar ao que somos hoje, e mesmo o que somos hoje pode não chegar perto do que nossa capacidade possa ser no futuro.

Fora o aspecto evolutivo, a inteligência, para muitos cientistas, também possui relações com genética - o que estaria diretamente ligado aos aspectos evolutivos - e com a carência ou excesso de vitaminas. A questão é que a inteligência não é formada apenas de operações concretas e abstratas, a inteligência também é formada de emoção. É o que a Psicologia chama de Inteligência Emocional. Na verdade, essa noção surgiu com a Teoria das Inteligências Múltiplas, em meados da década de 80, com o pesquisador e professor Howard Gardner e também por Hunt (2011). Pode-se dizer, portanto, que a emoção é fator principal da inteligência humana.

> Emoção é um estado particular de um organismo que sobrevém em condições bem definidas, acompanhada de uma experiência subjetiva e de manifestações somáticas e viscerais, ou seja, é uma reação a determinado estímulo ambiental, esta reação por sua vez desenvolve-se em três tipos de componentes: fisiológica, psicológica e comportamental. (Hunt, 2011)

Pelo que vasculhamos sobre essa abordagem, na maioria das pesquisas, tem-se falado, cada vez mais, em Q.E. (coeficiente emocional). Pode parecer que a emoção nada tem que ver com inteligência, mas tem muito. Na esfera de estudos sobre psicologia, Stemberg (1992) defende que a capacidade adaptativa do ser humano é dosada pela inteligência e pela emoção. Se um indivíduo for demasiado racional, a sua adaptação ao meio social tornar-se-á mais difícil, pois todas as suas ações e comportamentos estarão condicionados por uma avaliação lógica e fria. Por outro lado, se essa mesma pessoa for muito emocional, também formatará a sua capacidade em se adaptar, pois haverá fortes tendências a dar muita importância às suas emoções e menos importância à razão, o que o torna mais fraco e frágil. Nesta compreensão, ser inteligente é ser capaz de se adaptar a qualquer situação ou meio ambiente. Para isso, é necessário saber articular a razão e a emoção.

Antes de concluir a respeito da inteligência humana e emocional, abordaremos a Inteligência artificial, para que, mais à frente, possamos, em nexo, fechá-las em única análise.

Uma abordagem filosófica

A ideia de que seria possível reproduzir uma inteligência semelhante à inteligência do ser humano por meio de mecanismos de software desencadeou uma série de pesquisas e deduções em lógica e linguagem de programação.

> Desde então, as diferentes correntes de pensamento em IA têm estudado formas de estabelecer comportamentos "inteligentes" nas máquinas. Portanto, o grande desafio das pesquisas em IA, desde a sua criação, pode ser sintetizado com a indagação feita por Minsky em seu livro "Semantic Information Processing", há quase trinta anos: "Como fazer as máquinas compreenderem as coisas? (Minsky, 1968).

Fascinante, diga-se, vez que a Inteligência Artificial é capaz de utilizar, não apenas o raciocínio lógico, mas também outras operações da vida concreta e do resultado evolutivo humano, como, por exemplo, a já referida linguagem e a memória.

> Um sistema IA não é capaz somente de armazenamento e manipulação de dados, mas também da aquisição, representação, e manipulação de conhecimento. Esta manipulação inclui a capacidade de deduzir ou inferir novos conhecimentos - novas relações sobre fatos e conceitos - a partir do conhecimento existente e utilizar métodos de representação e manipulação para resolver problemas complexos que são freqüentemente não-quantitativos por natureza. Uma das idéias mais úteis que emergiram das pesquisas em IA, é que fatos e regras - conhecimento declarativo - podem ser representados separadamente dos algoritmos de decisão - conhecimento procedimental. Isto teve um efeito profundo tanto na maneira dos cientistas abordarem os problemas, quanto nas técnicas de engenharia utilizadas para produzir sistemas inteligentes. (Schutzer, 1987).

Para aperfeiçoar a compreensão, voltemos aos primórdios deste conceito: A inteligência artificial começou como um campo experimental nos anos 1950 com pioneiros como Allen Newell[1] e Herbert Simon[2], que fundaram o primeiro laboratório de inteligência artificial na Universidade Carnegie Mellon, e McCarty que, juntamente com Marvin Minsky (1986), fundaram o MIT AI Lab em 1959 – período pós guerra. Foram eles alguns dos participantes na

---

1 Ver: Allen Newell, Scientist Founded A Computing Field. The New York Times (20 de julho de 1992).

2 Ver: The Great Illusion, de Norman Angell, e Progress and Poverty, de Henry George.

famosa conferência de verão de 1956 em Darthmouth College (Bittencourt, 2001).

Em verdade, desde o início, os fundamentos da inteligência artificial tiveram o suporte de várias disciplinas que contribuíram com ideias, pontos de vista e técnicas para essa formação. Os filósofos antigos já tinham percepções que mais tarde tornaram a Inteligência Artificial concebível.

O filósofo grego Aristóteles, por exemplo, foi um dos primeiros a tentar codificar o "pensamento correto", que é, irrefutavelmente, o processo de raciocínio. Seu silogismo provê padrões para estruturas de argumentos que sempre produzem conclusões corretas quando dadas as premissas corretas – por exemplo, "Sócrates é um homem"; todos os homens são mortais; logo, Sócrates é mortal". Estas leis de pensamento eram supostas por governar a operação da mente; seu estudo iniciou o campo chamado lógica (silogismo), o que é um dos pilares do Direito, muito embora a prática dos operadores, por inúmeras e incontáveis vezes, deixem a desejar.

Ainda no percurso histórico que desencadeou o surgimento da Inteligência Artificial, citemos novamente a Segunda Guerra. Há registros de que a Inteligência Artificial tenha início no campo acadêmico já em meados de 1940. Mesmo assim, a Guerra criou uma necessidade absurda de desenvolvimento de novas tecnologias, sobretudo para impulsionar a indústria bélica.

Se evolutivamente, uma conclusão diz respeito a uma nova pergunta e assim nasce e renasce o aprofundamento das pesquisas, a necessidade de criar extensões de nossa própria inteligência foi tomando maiores proporções diante de necessidades extremas. Nossa sobrevivência, aliás, sempre dependeu, basicamente, de nossa capacidade de criar extensões dos nossos corpos - ferramentas - e, ao mesmo tempo, de ter a chance de nos especializarmos no uso delas. Por que seria diferente com nosso cérebro e com a nossa inteligência?

Por falar em cérebro humano, podemos resumi-lo em duas qualidades básicas: capacidade de processamento e plasticidade. A primeira, para imaginar a ferramenta certa e a segunda, para se adaptar ao uso da tal ferramenta. Vejamos os conceitos de ambas as qualidades, primeiramente, na Informática:

Quando estudamos conceitos técnicos de Informática, podemos resumi-los em três pontos: (a) entrada de dados; (b) processamento de dados; (c) saída de informações. No sentido de que o conjunto computador recepciona vários dados e devolve uma informação.

A máquina, normalmente, recebe, do usuário humano, dados transmitidos ao Hardware pelo Software, que os identifica como impulsos elétricos positivos ou negativos, o que chamamos de entradas em conotação binária – 1 ou 0 – que representam entre outros conceitos: "aceso ou apagado"; "ligado ou desligado", "verdadeiro ou falso". A transformação de impulsos elétricos em Informação é o chamado processamento, o qual ocorre no Hardware por meio do processador e torna-se visível ao usuário pelo Software.

No caso do cérebro humano, os sentidos captam os dados que são, também, convertidos em impulsos elétricos e processados pelo cérebro que, em transmissão neuronal, são devolvidos aos próprios sentidos em informação e comando. A diferença entre cérebro humano e processador computacional talvez esteja apenas relacionada a uma diferença material de carne e metal, ambos derivados do carbono, diga-se.

Sobre processamento, qual será a capacidade de nosso cérebro? Pesquisadores da IBM fizeram essa conta e estimam que o cérebro é capaz de atingir 36,8 petaflops - ou 36,8 quatrilhões de operações por segundo.[3] Isso equivale a mais ou menos um milhão de PC´s[4] trabalhando em conjunto.

Já a plasticidade cerebral permite, por exemplo, que alguns sujeitos se tornem excelentes motoristas depois de certo tempo de prática de direção. As áreas do cérebro referentes às mãos e aos pés se expandem enormemente

---

3 Wired. (n.d.). Cognitive Computing Project Aims to Reverse-Engineer the Mind. Acesso em 08 de janeiro de 2024, https://www.wired.com/2009/02/cognitive-compu/?utm_source=chatgpt.com

4 Personal Computer ou Computador Pessoal – considerando que outros computadores podem atingir maiores capacidades de processamento.

em quem dirige durante muitos anos de forma que possibilite o aumento de noções de espaço, velocidade, reflexo, de forma que alguns atos, antes complexos, tornam-se automatizados. "Nosso cérebro é um sistema projetado para aprender, para se moldar na interação com o ambiente", diz o psicólogo Steven Pinker (1995), de Harvard, um dos maiores especialistas em estudo cognitivo do mundo. Da mesma forma, uma pessoa que perde, por exemplo, o sentido da visão, passa a ter maior sensibilidade com os sentidos do tato e da audição. Mais um exemplo que bem ilustra a plasticidade cerebral.

Nesta vertente, podemos afirmar que a plasticidade é uma das coisas que ainda diferencia o cérebro humano de um processador computacional, uma vez ela permite a evolução das operações concretas cerebrais. Da mesma forma que um músculo em constante exercício, desenvolve-se e aumenta de tamanho, o exercício da plasticidade nos permite crescimento neuronal, aumentando e melhorando o processamento cerebral.

Um computador, por mais que execute a mesma operação lógica inúmeras vezes, não possui, ainda, a capacidade evolutiva de multiplicar seu espaço de armazenamento e seu processamento de dados. Ao contrário do músculo, o hardware de metal não aumenta de tamanho.

Contudo, há de considerarmos que, de acordo com várias pesquisas científicas pautadas em neurociência, ainda não usamos a íntegra de nossa capacidade cerebral, o que, de certa forma, leva-nos a cogitar que mesmo nosso cérebro, de alguma forma, possui limites de processamento. Somando essas noções com psicologia cognitiva, vemos que processamento e plasticidade, em operação conjunta, proporcionam a aprendizagem (O que é aprendizagem, n.d.). A esfera de estudos da Pedagogia, inclusive, ensina que:

> Aprendizagem é um fenômeno ou um método relacionado com o ato ou efeito de aprender. A aprendizagem estabelece ligações entre certos estímulos e respostas equivalentes, causando um aumento da adaptação de um ser vivo ao seu meio envolvente. A aprendizagem é uma modificação do comportamento do indivíduo em função

> da experiência. A aprendizagem escolar se distingue pelo caráter sistemático e intencional e pela organização das atividades (estímulos) que a desencadeiam. (Aprendizagem, n.d.)

Há dois pontos interessantes: a questão dos estímulos - que podem ser analogicamente comparados com os impulsos elétricos, e a mudança de comportamento, que pode ser entendida como produto da evolução adquirida graças à plasticidade. Seria, então, possível, a aprendizagem por meio da Inteligência Artificial?

São notáveis algumas semelhanças entre o cérebro humano e a inteligência artificial. Ou seja: uma comparação que permitiu máquinas serem capazes de aprender por conta própria ou a construir a própria aprendizagem.

Partindo deste princípio, é possível que, com o avanço da plasticidade, a inteligência artificial fique tão complexa como a mente humana, sendo, ainda, possível, superá-la, mesmo nesses cálculos e processamentos mais difíceis como o "filosofar" - que é justamente o que, hoje, causa-nos esgotamento, por ser uma atividade que exige maior esforço neuronal e maior assimilação de mecanismos operacionais.

Em estudos mais profundos, descobrimos que, atualmente, a Inteligência Artificial abrange uma significativa variedade de subcampos. Dentre esses subcampos, está o estudo de modelos conexionistas ou redes neurais. Uma rede neural pode ser vista como um modelo matemático simplificado do funcionamento do cérebro humano (Bose, 1996). Este consiste de um número muito grande de unidades elementares de processamento ou neurônios que recebem e enviam estímulos elétricos uns aos outros, formando uma rede altamente interconectada.

Neste processamento cerebral, são compostos os estímulos recebidos conforme a intensidade de cada ligação de neurônio, produzindo um único estímulo de saída. É o arranjo das interconexões entre os neurônios e as respectivas intensidades que define as principais propriedades e o funcionamento de uma rede neuronal.

Toscano (2023, p.182) esclarece pontos relevantes sobre redes neurais e explica que dentro de uma ideia, a tomada de decisão como o uso de heurísticas surge a partir do próprio design do cérebro e do seu modo de processamento.

> Há quatro princípios básicos no funcionamento das redes neurais, não custa relembrar: associação, compatibilidade, retenção e foco. Essas características do cérebro humano foram essenciais para nossa sobrevivência no ambiente natural. Evoluíram a partir de pressões ambientais que exigiram que nossos ancestrais rapidamente buscassem comida, afastassem-se dos perigos e lutassem ou fugissem. Já as funções cognitivas superiores, como o raciocínio analítico) o cálculo, a análise, o raciocínio e a abstração) e a capacidade de simbolizar surgiram muitoo mais tarde e a partir das funções perceptivo-motoras. (Toscano, 2023, p.182-183)

O conexionismo tem criado nexo com a proximidade de um computador identificar padrões, o que já chegaria próximo de uma aprendizagem humana. Outro exemplo seria a biologia molecular e o estudo de métodos regenerativos, o que, se for traduzido em algoritmo, poderia proporcionar independência às equações de sistemas informáticos. Em outras palavras: a construção de máquinas que alojem vida artificial.

Muitos filósofos, como John Searle[5] e Hubert Dreyfus[6], inseriram no debate questões de ordem filosófica e epistemológica, questionando qualquer possibilidade efetiva de comparar a capacidade humana de raciocínio e reflexão com a Inteligência Artificial.

---

5 Ver: Mind, Language and Society: Philosophy in the Real World (summary of earlier work; 1998)

6 Ver: Dreyfus Hubert. (1965). Alchemy and Artificial Intelligence. Rand Paper.

Kurzweil criou um projeto ambicioso: a Singularity University[7], no Vale do Silício. Trata-se de uma entidade fundada em 2008 que oferece cursos de pós-graduação focados em "montar, educar e inspirar um grupo de líderes". A ideia é que esses líderes possam desenvolver uma metodologia para controlar essa superinteligência artificial que estaria por vir. A esperança por trás da iniciativa é que essas máquinas já sejam criadas com a programação de valores éticos, morais e filosóficos. Em suma, fazer que elas, mesmo sendo vastamente mais poderosas que nós, tenham "bom senso" suficiente para não nos destruir.

Aliás, seguindo neste raciocínio, se já comparamos o cérebro humano com um computador, e o fizemos de forma descritiva, porque não utilizarmos, em analogia, a consideração afirmativa e conclusiva dos estudos neurocientíficos, que afirmam não ser o cérebro humano totalmente usado; e o compararmos com um HD (Hard Disk) ou Disco Rígido, local no qual são armazenados dados e informações no computador; memória. Será que não poderíamos entender nosso cérebro como um HD com espaço disponível?

E se avançarmos ao ponto de tornar viável a injeção de informações em nosso cérebro por meios artificiais? Mais até, e se fosse possível injetar um malware (vírus) desenvolvido artificialmente, um vírus de computador, em algum espaço vazio de nosso HD cerebral; será que poderíamos passar a ser comandados por ele? Será que ele tornaria os efeitos e estímulos elétricos que são levados ao nosso cérebro como uma espécie de programa ou software que nos comandasse? Será que teríamos de desenvolver um anti-vírus humano contra programas de computador? Seria, então, possível transformar humanos em máquinas e transformar máquinas em humanos?

Um paradoxo? Um surto? Ou uma mera previsão futurista? Uma consideração matemática que talvez tivesse de ser feita a fim de definir e de preparar humanos e máquinas; de encontrar limites para a sobrevivência e de cogitar uma possível futura sociedade de humanos robotizados e de robôs humanizados. Pois é, parece que algumas vezes, a pesquisa e o estudo, unidos

---

7 Web site: http://singularityu.org/

com a realidade social e certos impactos, permite-nos uma previsão do futuro. Uma visão um tanto profética, diante da qual passamos a ter duas alternativas: prevenção ou "falsa inércia".

A primeira opção pode criar alguns conflitos, e isso porque, mesmo que a ciência e o silogismo nos permita fundamentos quase que inquestionáveis, a porcentagem de indivíduos que acreditariam ou que algo fariam para colaborar com qualquer prevenção não sairá da zona de conforto do já definido como padrão para avançar. Afinal, em uma sociedade que tem por objeto a informação antes da convivência humana, sendo capaz de ignorar seus próprios instintos, tende a ser imediatista e dificilmente demonstraria qualquer preocupação futurista. Neste sentido, por que prevenir?

A segunda opção, e aí o motivo das aspas e do 'falsa', dificilmente seria estática, e isso porque os próprios acontecimentos não permitiriam que ela existisse. Para ilustrar esta reflexão, vamos pensar em mecânica clássica, cinética, atrito estático, entre outros conceitos de ensino fundamental: A terceira lei de Newton é perfeita para isso "Ação e Reação" (Porto, 2013) ou seria a inércia?

Neste ponto, entraríamos na primeira lei de Newton: A inércia, na qual: "um corpo não submetido à ação de nenhuma força; nesta condição esse corpo não sofre variação de velocidade. Isto significa que, se ele está parado, permanece parado, e se está em movimento, permanece em movimento e sua velocidade se mantém constante" (Newton, 2004). Essa ideia foi formulada pela primeira vez por Galileu Galilei (Favaro) e depois confirmada por Newton.

Ora, em nossa legislação penal, a omissão também pode ser punida (Artigo 13 §2 do Código Penal). A questão é que a sociedade não é estática e jamais permanecerá inerte. Se não adotarmos a primeira opção, a segunda será progressivamente reprimida pelos próprios avanços.

Será que neste ponto seria possível discordar de Newton e dizer que a primeira lei não se aplica à sociedade? Melhor passarmos a entender o que significa "sociedade". Uma rápida pesquisa na internet e encontramos inúmeras opções de conceitos e definições, dos quais destacamos um abaixo:

Sociedade é um conjunto de seres que convivem de forma organizada. A palavra vem do Latim societas, que significa 'associação amistosa com outros'.

As sociedades humanas são objeto de estudo da Sociologia e da Antropologia, enquanto as sociedades animais são estudadas pela Sociobiologia e pela Etologia.

O conceito de sociedade pressupõe uma convivência e atividade conjunta do homem, ordenada ou organizada conscientemente. Constitui o objeto geral do estudo das antigas ciências do estado, chamadas hoje de ciências sociais. (Significados)

Primeiro: "Sociedade é um conjunto de seres que convivem de forma organizada". Ou seja, possuem algum tipo de sistema normativo, seja ele positivado ou consuetudinário. Segundo: há divergência entre as 'sociedades humanas' e as 'sociedades animais'. Obviamente sociedades robotizadas ou cibernéticas ainda não foram definidas; o que tende a mudar caso adotemos de pronto a primeira opção. Mas o elemento principal, neste ponto, é a essência da palavra-chave: "conjunto".

Em suma, plural ou vários seres. O que significa que a primeira lei de Newton pode ser muito bem aplicada sobre um corpo, uma coisa, um indivíduo; todavia, quando estamos a falar em "conjunto", as chances de que todos os indivíduos ou que todos os seres permaneçam na inércia é bem menor. Caso isso ocorresse de fato, não haveria qualquer avanço.

Porém, a realidade é que, em todo conjunto organizacional, existirá sempre, ao menos, um indivíduo que produzirá a força de ação e, ainda que seja mínima, diante de toda construção, provocará proporcionalmente reações. Em outras palavras, uma única pessoa que escolher a primeira opção sugerida já impulsionará todo o restante para avanços.

Neste caso, não estaríamos, necessariamente, por descartar a segunda opção, mas sim por julgá-la praticamente improvável. A diferença restará apenas em tempo e todos os conceitos filosóficos que o abrange, como vimos no início. Quanto mais indivíduos se conscientizarem em curto espaço de tempo, mais buscarão a opção da prevenção. Afinal, prevenir também é algo que pertence à natureza humana, desde que consciente sua necessidade.

Se nosso avanço tecnológico nos permite a criação de máquinas que executam operacionalmente atividades idênticas e precisas de seres humanos, é possível que para os próximos tempos tenhamos uma sociedade de máquinas; e como sugere o conceito citado sobre definição de sociedade, uma legítima organização. Inclusive com sistema normativo e Direito.

Voltemos um pouco a Kurzweil e à Singularity University. Este é um caso específico de prevenção. A questão é que se torna um tanto difícil treinar líderes ou pensar em formas de comportamento quando tudo ainda é muito abstrato. Sabemos, ao menos, em tese, ou queremos acreditar que sabemos, onde tudo isso pode nos levar, mas a verdade é que não! Não é possível aferir as proporções e o alcance que teria um "conjunto organizado de máquinas com independência de funções".

Será que os códigos fontes nelas implantados seriam incorruptíveis? Vimos um pouco acima que o que ainda nos diferencia do que já foi possível implantar em máquinas é a emoção. Sabemos que, muitas vezes, é devido à fonte das emoções humanas que o Direito e o nosso sistema normativo (isso em todo o mundo) torna-se ineficaz. A natureza humana é passional e, de igual forma, toda a nossa construção social. Seria possível uma criação nossa ser diferente? Ou acaso a emoção também pode ser explicada de forma matemática?

Bom, ainda de acordo com Galileu Galilei,

> O livro do mundo está escrito em caracteres matemáticos". Para ele, "a realidade é um sistema de causalidades racionais rigorosas que podem ser conhecidas e transformadas pelo homem. Nasce, portanto, a ideia de experimentação e de tecnologia - conhecimento teórico que orienta as intervenções práticas - e o ideal de que o homem poderá dominar tecnicamente a Natureza e a sociedade. (Galilei, n.d.)

Muitas ideias de Galilei influenciaram diversos pensamentos aplicáveis à psicologia e à política. Tornando possível a concepção de que as emoções podem ser controladas pela razão e há uma ligação e uma explicação matemática para as emoções. Aliás, diversos estudos já tratam sobre essa análise. Por haver muitos pontos divergentes, nenhum foi especificamente conclusivo, mas a percepção já foi tida e o mais interessante é que não foi em nossa era.

Aliás, nossa era é produto de todo esse avanço e todas essas previsões; produto da reflexão de pensadores como Émile Durkheim (1960), segundo o qual há duas formas de solidariedade social: mecânica e orgânica[8] e faz comparações sobre a ideia do divino.

Esta comparação de que estamos individualmente para a ideia de divino assim como a sociedade está para nós, a criar uma ideia de dependência, distancia-nos de nossa própria natureza. O contrário transforma-nos em seres autônomos e auto suficientes, ou ainda, dentro de algumas vertentes, a ideia de que somos apenas dependentes de nós mesmos e de que somos nosso próprio monstro. Sem querer entrar em Leviatã, de Thomas Hobbes (2008), "O Homem é o Lobo do Homem", a noção básica para auto-análise refere-se a compreensão de nossas extensões. Uma vez que a tecnologia é uma dessas extensões, passa a existir a necessidade de regulamentação. Aí entra o Direito. - Durkheim segue:

> Como tem natureza que lhe é própria, diferente da nossa natureza de indivíduo, ela visa a fins que lhe são igualmente especiais: mas, como só pode atingi-los por nosso intermédio, reclama imperiosamente nosso concurso. Ela exige que, esquecidos de nossos interesses, nos tornemos seus servidores e nos impõe toda espécie de incômodos, de privações e de sacrifícios sem os quais a vida social seria impossível. É por isso que a cada instante somos obrigados a nos submeter a regras

---

8 Durkheim, em Da Divisão do Trabalho Social, coloca duas questões sobre as relações entre os indivíduos e a coletividade.

de comportamento e de pensamento que não fizemos nem quisemos, e que às vezes são até contrárias às nossas tendências e aos nossos instintos fundamentais. (Durkheim, 2003)

Neste ponto, notamos uma espécie de reflexão um tanto revoltosa, mas não menos necessária. No momento que as regras são criadas para nosso convívio e nossas condições de adaptação e sobrevivência à inserção nos meios, é possível que algumas delas se diferenciem de nossa esfera intrínseca, de nossos valores e de nossas crenças. Ainda assim serão as regras que deverão ser seguidas. Isso causa certo desconforto, pois não deixa de ser uma repressão do eu, o que Freud, em Psicanálise (Mednicoff, 2008), chamaria de Id, ego e superego, em prol do bem comum ou da sociedade de forma geral. Um claro limite aos anseios personalíssimos a favor da sociedade. Isso ocorre porque a consciência do dever ser passa a ser mais acentuada do que a percepção de vontades. Ou ainda, que não seja a consciência, mas sim o medo da sanção pelo descumprimento das normas. Sejam elas morais, sociais ou positivadas.

> Todavia, se a sociedade só obtivesse de nós essas concessões e esses sacrifícios por imposição material, não poderia despertar em nós senão a idéia de força física à qual devemos ceder por necessidade, e não a idéia de força moral do gênero das que as religiões adoram. Mas na realidade, o domínio que ela exerce sobre as consciências vincula-se muito menos à supremacia física de que tem o privilégio do que à autoridade moral de que está investida. Se nos submetemos às suas ordens, não é simplesmente porque está armada de maneira a triunfar das nossas resistências, é, antes de tudo, porque constitui o objeto de autêntico respeito. (Durkheim, 2003)

Aliás, essas concepções notadamente abrangem aspectos racionais mesmo em relação à própria religiosidade do ser humano. Pode-se dizer que Durkheim tinha uma visão única sobre divino e orgânico. É possível notar isso em algumas pontuações que ele fez e na essência de seu pensamento que pode ser resumida em "É sagrado, tudo aquilo que está ligado ao sobrenatural: magia, mitos, crenças. É profano tudo o se refere ao fator natural, biológico, normal (Durkheim, 2003).

De fato, a questão religiosa está muito ligada à nossa esfera valorativa e também aos nossos sentimentos e ideologias. Então, a forma que Durkheim via em racionalizar os aspectos religiosos é semelhante ao fato dos sentimentos poderem ser explicados pelas ciências exatas. Explicar o espiritual por meio da ciência é uma busca antiga e muito do que foi observado não foi exposto conclusivamente. Por certo, diversos interesses, sobretudo políticos e que visavam o poder, contribuíram para isso. Se ficar muito clara a noção da realidade e a compreensão da natureza humana e social, suprir-se-á a lacuna, a qual ele se referia quando tratava sobre a "necessidade de separar o divino do profano". Uma espécie de 'patologia' que cerceava a capacidade de unir ambos os pontos, ou seja, os elementos comuns a todas elas. No momento que isso acontecesse, seria possível criar uma única religião. Sua conclusão geral, portanto, é que a religião é algo eminentemente social.

Por "arrastamento" podemos dizer que, de igual modo, todos os nossos valores e sentimentos possuem fundamento orgânico. E como veremos a seguir, a tecnologia é uma forma de explicar ilustrativamente todos esses pensamentos que foram construídos e reconstruídos no correr das décadas.

Ao longo deste trabalho e até este ponto, foi possível observar o quanto algumas questões existenciais podem ter ligação direta com a ciência, e o quanto a mente humana é poderosa no sentido de reproduzir percepções e, até mesmo, sob o ponto de vista filosófico, criar realidades ilusórias ou ilusões reais.

INTELIGÊNCIA NATURAL E INTELIGÊNCIA ARTIFICIAL

Foi possível notar que a tecnologia é uma extensão do cérebro humano e parte de sua auto-reprodução. Vimos que computadores são capazes de reproduzir atividades operacionais do cérebro humano, já quase que com a mesma equivalência. Vimos, ainda, que as emoções, por hora, nos diferenciam das máquinas e que já existem trabalhos sendo desenvolvidos no sentido de prevenir uma possível futura "revolução cibernética", com pessoas sendo treinadas para superar e proceder com o controle das máquinas.

Ou seja, se uma máquina já se assemelha, em partes, ao ser humano, com uma expectativa de que possa, com mais avanços, igualar-se ou ainda, quem sabe, superar a capacidade humana, se não tomar os devidos cuidados, claro, o que também é muito difícil, haja vista ainda ser impossível aferir as devidas proporções, é razoável que futuramente, na sociedade das máquinas, seja necessário um "ordenamento jurídico". É possível que tal ordenamento traga toda uma "bagagem humana", pelo menos a princípio. Se as máquinas superarem a capacidade e romperem a barreira de "pensar", é possível que, um dia, deixem de utilizar a "bagagem humana" e criem algo de seu próprio meio, e aí estaria-se diante de uma nova pré-história. Talvez, se voltassem às mesmas dificuldades enfrentadas pela sociedade humana para a criação do direito, quem sabe as questões existenciais voltassem ao início, e de forma cíclica, uma nova sociedade de "seres" ou de "criaturas" começasse do zero.

Se bem que, "começar do zero" é algo bem difícil. Tudo surge ou tem origem em algo ou traz influências de algo. No caso hipotético, a sociedade das máquinas seria derivada da sociedade humana e, por certo, traria influências do ordenamento jurídico humano. Todo raciocínio tende a surgir com base em outro raciocínio; assim como toda matéria é composta de outras matérias. Tomemos como exemplo o silogismo, que conclui, por meio das premissas, ou mesmo a física, que mostra que mesmo os átomos (que já foram considerados como partes indivisíveis da matéria) ainda se compõem em prótons, elétrons e nêutrons.

Este trabalho é um bom exemplo. Ele nada mais é do que produto de união e conclusão analítica e prognóstica de fatos, acontecimentos e estudos anteriores que passaram pelo processo de "internalização" mencionado no tópico sobre a necessidade à privacidade e torna-se aperfeiçoado quando tudo é processado no "banco de dados" de sua autora, que os devolve como produto, o que fora absorvido e somado à sua reflexão que também nada mais é do que resultado de todas as suas experiências de vida, história, genética e valores.

Pensar sobre como seria o ordenamento jurídico na sociedade das máquinas também é complexo, pois teríamos de considerar possíveis conflitos. Que tipos de conflitos existiriam, uma vez que o sistema operacional das máquinas e as linguagens de programação são soluções algorítmicas que possuem, por essência, a precisão matemática? Ora, se dois mais dois é igual a quatro, não há conflito. As normas estariam inseridas em sua própria lógica, pois todos estariam programados para executar operações práticas e perfeitamente calculáveis, o que impediria, de pronto, a existência de um conflito e, por consequência, a necessidade de um ordenamento.

Contudo, a sugestão foi a de que isso poderia acontecer caso as máquinas rompessem a barreira do "pensar". O que, pelo que vimos, ainda é um ato privativo humano e que poderia vir a ser também explicado pelas ciências exatas. Se o pensar também é uma operação matemática, concluímos que toda a complexidade ilógica guarda fundos com a própria lógica. Confuso? Um pouquinho!

Vejamos o que dizem Jean-Pierre Changeux e Alain Connes (1995) em seu livro 'Matéria e Pensamento'

> A equação matemática descreve uma função. Ela permite cercar um comportamento, mas não explicar o fenômeno. Em biologia, a explicação caminha junto com a identificação da estrutura que, subjacente à função, a determina. Relacionar estrutura que, como

> ensina Claude Bernard, a via real da descoberta, e não apenas a descrição de um processo por meio de uma equação matemática. (p.7)

Bom, neste sentido, podemos entender que a matemática pode ser tida como uma espécie de linguagem universal, ou seja, a decodificação do acontecimento, mas não o acontecimento em si. De forma que não é a matemática ou a equação exata que determinaria, por exemplo, o fenômeno do pensar; mas o fenômeno do pensar poderia ser matematicamente explicável. Neste mesmo raciocínio, os autores seguem em forma de diálogo com a seguinte reflexão:

> Qual a natureza dos objetos matemáticos? Existem de modo independente do cérebro do homem, que os descobre? Ou, pelo contrário, são apenas o produto da atividadecerebral que os constrói? A evolução recente da neurociência, ou ciência do sistema nervoso, acrescenta novas peças a um dossier que já se inicia nos Diálogos de Platão. (p.8)

É o que vimos sobre as questões filosóficas no início do capítulo quando abordamos a questão do tempo. O tempo, diga-se, também é um fenômeno que pode ser decodificado, em linguagem, pela matemática. Contudo, a concepção sobre sua existência, se parte da mente humana ou se resulta na mente humana, é bem mais filosófica do que estatística. Eis o ato do pensar: É o que ocorre conosco enquanto autores ou leitores de um trabalho acadêmico, por exemplo. O que possivelmente exige mais do que lógica de programação, mas, sobretudo, independência e evolução.

> As respostas a essas questões, em grande parte, devem ser buscadas na organização do cérebro e em seu funcionamento. Rede de neurônios, sem dúvida, mas rede de extrema complexidade, o cérebro deve suas excepcionais propriedades a princípios arquitetônicos e funções

> elementares que anatomistas e fisiologistas se esforçam em analisar e que, no momento certo, servirão de inspiração ao construtor de máquinas. Contudo, o cérebro deve ainda essas propriedades à sua natureza de sistema em evolução. (Changeux & Connes, 1995, p.8)

Também já comentamos que o cérebro é carne e que, se exercitado, semelhantemente aos músculos, pode evoluir à sua maneira. Sem fazer muita menção aos conceitos de Darwin e a teoria da evolução (1871), consideremos, para fins de raciocínio, que tudo no Universo e no Homem seja produto de evolução. O "ato do pensar", portanto, pode ser um exercício que desenvolve e desencadeia a formação da inteligência e do processo de aprendizagem. A formação do cognitivo, e isso está no capítulo que mencionamos sobre o desenvolvimento humano, o que também diria respeito à evolução. Mas voltemos à matemática, ainda nas palavras dos referidos autores:

> O conhecimento, tanto no campo da matemática quanto no da neurociência, desenvolve-se em tal medida que o seu impacto social se torna maior a cada dia que passa. Apresentam-se problemas de ética. Mas, o que é a ética? Pode a moral se basear em elementos naturais, que seria preciso procurar no funcionamento em sociedade do cérebro humano? Pode a ética fundar-se em princípios universais semelhantes aos da matemática? (Changeux & Connes, 1995)

Vejamos que esta parece ser uma noção convidativa para a noção de evolução. Ou seja, a mera ideia de que o conhecimento, independente do campo ou da área possa evoluir a ponto de afetar diretamente a sociedade. É justamente neste ponto que reside o nexo, entenda-se: Quando falamos em sociedade é que devemos notar o surgimento da necessidade de construção de um ordenamento. Observemos que, neste ponto, voltamos a toda discussão inicial sobre o que é a ética ou a moral. Matéria inicial dos bancos de uma faculdade de Direito, mas que não basta, contudo.

A existência dos fenômenos valorativos ou materiais não dependem da sua forma de expressão, linguagem, seja ela matemática, gramatical, gestual, artística, musical, etc. A existência dos fenômenos dependem da evolução. Partículas iniciais e básicas a todas as formações que se fundem e se miscigenam em diferentes composições a ponto de produzirem diferentes resultados são aplicações evolutivas e cíclicas. No momento que alcançam o ápice de certo estágio de evolução, voltamos novamente ao mesmo ponto de fuga primígeno.

Ainda parece que falta alguma coisa, não? Se tudo parte de partículas iniciais e básicas, nas quais todas se fundem e se miscigenam em diferentes composições a ponto de produzirem diferentes produtos, de onde surgiriam ou o que seriam essas tais partículas iniciais? Seria a noção da própria existência ou será que podemos chamar tais partículas iniciais bases de Deus?

Será que podemos explicar Deus como sendo uma fonte de energia, luz e informação inesgotavelmente cíclica que origina e originará todas as coisas com início e fim em si mesmo? Seria a tal partícula formadora de todo restante e que pode ser explicável por todas as formas de linguagem científica, resultando, tão recentemente na tecnologia? Talvez. Mas deixemos isso para um estudo mais aprofundado e futuramente próximo. Voltemos ao foco do ordenamento jurídico para a possível sociedade de máquinas e possíveis disrupções no mercado futuro.

Os anos iniciais da faculdade de Ciências Jurídicas nos ensinam que o Direito surgiu não apenas graças à pluralidade de indivíduos, mas também ante o conflito de interesses e os respectivos meios utilizados para que tais interesses pudessem prevalecer. O relacionamento entre os indivíduos e a diversidade de suas características norteiam a necessidade de estipulação de normas para que seja viável a convivência.

Mas o que faz com que haja conflito de interesses e divergência de meios senão as diferenças entre os próprios indivíduos? Somos diferentes em essência, ensina a Psicologia, mas iguais em Direitos, diz a lei pátria. Somos produto de nossa história, de nossa genética, de nossas experiências de vida e, sobretudo, de nossa reflexão e forma de absorver e internalizar o externo.

Nota-se que para que haja conflito de interesses e divergência de meios que os possibilitem é necessário o ato de "pensar". Em uma possível e futura sociedade de máquinas, um ordenamento seria necessário, uma vez que tais pressupostos surgissem.

COMO SERIA A SOCIEDADE DE MÁQUINAS?

Vimos que alguns estudos já são feitos com o propósito de inserir em linguagem de programação determinados "valores" nas máquinas, bem como, certas noções básicas de convivência, mas a questão é: será que isso já não seria o algoritmo inicial para o desenvolvimento evolutivo do ato de pensar?

Se isso procede, após a construção da sociedade de máquinas, seus integrantes teriam condições evolutivas, tais como os humanos, o que a longo tempo provocaria o desenvolvimento de independência de pensamento, bastando que apenas um dentre os indivíduos robóticos alcançasse tal estágio e rompesse as barreiras do comum e normativo para que houvesse uma revolução e uma urgente necessidade de ordenamento jurídico. Um tanto surtado, não? De qualquer forma, isso não exclui sua possibilidade, ainda mais diante dos indícios que temos observado.

Pensar à frente é mais que uma necessidade em nossa pré-história do Direito Eletrônico e da Era Digital, da Transformação e da Inovação, é uma obrigação daqueles que hoje detém conhecimentos mínimos e que podem fazer tal interligação, nosso legado, a marca de nossa história, o parâmetro das próximas gerações, construção de presente e futuro, rupturas de paradigmas e absorção de realidade, previsão, apocalipse? A questão central é que não podemos ignorar as evidências e deixar de apontar suas possibilidades.

É muito difícil, hoje, prevermos como seria um possível ordenamento para a Sociedade de Máquinas. Nós ainda nem fomos capazes de nos adequar aos acontecimentos presentes. Com muita dificuldade, adaptamos o nosso ordenamento analógico ao que temos vivido digitalmente, mas podemos, sim, considerar como um avanço esta possibilidade e, aos poucos, buscar a adaptação de nossa mente, de nosso meio, da sociedade e do próprio ordenamento.

Contudo, o que não se pode negar é justamente que, de fato, a aquisição de personalidade jurídica e de capacidade civil para as máquinas seria, incontestavelmente, uma grande disrupção nos modelos de inovação tecnológica, uma vez que a Inteligência Artificial que, a princípio, surge como alternativa mais barata que uma mão de obra humana, seria vista e contratada em iguais condições. Não é possível encerrarmos, portanto, este capítulo com conclusões fechadas após pequenas análises sobre diversas áreas da ciência, muito embora, é bom reiterar, seja a Disrupção nos modelos de Inovação Tecnológica nosso protagonista; mas deixemos uma brecha para maiores produções e para melhores respostas.

Nós ainda dominamos o mundo, ainda somos capazes de dominar nossas mentes e nosso ímpeto. Busquemos isso antes que sejamos superados por nossas próprias extensões e pelo produto de nosso próprio construtivismo...

REFERÊNCIAS BIBLIOGRÁFICAS

Angell, N. (2007). The Great Illusion. Cosimo Classics.

Aristoteles. (1941a). Physics. In The basics works of Aristotle. Random House.

Aristoteles. (1941b). On The Soul. In The basics works of Aristotle. Random House.

Ascensão, J. O. (2002). Direito da Internet e da Sociedade da Informação. Forense.

Atheniense, A. (2009). Retrospectiva do direito na tecnologia da informação em 2009.

Berti, E. (1998). As razões de Aristóteles.Leituras Filosóficas, 4. Edições Loyola.

Bittencourt, G. (2001). Inteligência Artificial: Ferramentas e Teorias. Editora da UFSC.

Bose, N. K. & Liang, P. (1996). Neural Network Fundamentals with Graphs, Algorithms, and Applications.

Changeux, J. & Connes, A. (1995). Matéria e Pensamento. Editora Unesp. São Paulo.

Darwin. Charles. The Descent of Man, and Selection in Relation to Sex. 1871

Direne, A. Visão geral sobre inteligência artificial. Acesso em 01 de janeiro de 2024, http://www.nce.ufrj.br/GINAPE/VIDA/ia.htm

Dollinger, T. C. V. (2021). O Direito Azul. LUX.

Doron, R. & Parot, F. (2001). Dicionário de Psicologia. Climepsi Editores.

Dreyfurs, H. (1965). Alchemy and Artificial Intelligence. Rand Paper.

Durkheim, E., De la division de travail social, Paris, PUF, 1960.

Durkheim, Émile. As formas elementares da vida religiosa. 3. ed. São Paulo: Martins Fontes, 2003. (Introdução, Cap. I do Livro I e Conclusão).

Favaro, A. (ed.).(1935). Le opere di Galileo Galilei, ristampa della edizione nazionale Sotto l'alto patronato di S. M. il Re d'Italia e di S. E. Benito Mussolini, 8 vols., Firenze, Barbèra.

Galilei, G. (n.d.). Discorsi e Dimostrazioni Matematiche Intorno a Due Nuove Scienze Firenze. Acesso em 28 de dezembro de 2023, http://www.fmboschetto.it/didattica/DimostrazioniMatematiche.pdf]

Gardner, H. (2013). Inteligência: um conceito reformulado. Objetiva.

George, H. (2020). Progress and Poverty. Digi Reads

Hintikka, J. (1966). Aristotelian Infinity. The Philosophical Review, 75(2). Acesso em 19 de junho de 2008, http://www.jstor.org/stable/2183083

Hunt, E. (2011). Human Intelligence. Cambridge University Press.

Kelsen, H. (1979). Teoria Pura do Direito. Arménio Amado.

Mednicoff, E. (2008). Dossiê Freud. Universo dos Livros.

Minsky, M. (1986). The Society of Mind. Simon & Schuster. Touchstone Book UNB.

Minssky, M. (ed.). (1968). Semantic information processing. The MIT Press.

Newell, A. (1992, 20 de julho). Scientist Founded A Computing Field. The New York Times. Acesso em 16 de outubro de 2025, https://www.nytimes.com/1992/07/20/us/allen-newell-65-scientist-founded-a-computing-field.html

Newton, I. (2004). Princípios Matemáticos de la Filosofia Natural. Alianza Editorial.

O que é Aprendizagem. (n.d.). http://neurociencia-educacao.pbworks.com/w/page/9051868/Aprendizagem

O que é uma Sociedade. (n.d.). Acesso em 28 de dezembro de 2023, http://www.significados.com.br/sociedade/.

Pinker, S. (1997). Como a mente funciona. Cia das letras.

Porto, J. E. V. (2013, 20 de março). Dinâmica e Sistemas Dinâmicos.

Puente, F. R. (2001). Os Sentidos do Tempo em Aristóteles. Coleção Filosofia, 53, Edições Loyola.

Ribeiro, C. (2013). Nomofobia: a dependência digital. Acesso em 30 de dezembro de 2023, https://www.psicologacarla.com/2013/10/nomofobia-dependencia-digital.html

Rosen, L. (2012). iDisorder: Understanding Our Obsession with Technology and Overcoming Its Hold on Us – Audio livro – Tantor áudio.

Schutzer, D. (1987). Artificial intelligence: an applications-oriented approach. Van Nostrand Reinhold Company.

Significados. (n.d.). Aprendizagem. https://www.significados.com.br/aprendizagem/

Silva, J. A. (2003). Inteligência Humana: Abordagens Biológicas e Cognitivas. Lovise.

Sternberg, R. (1992). As capacidades intelectuais humanas. Artes Médicas.

Sternberg, R. J. (2000). Psicologia Cognitiva. Artmed Editor

Toscano, R. (2003). O Cérebro que Julga.

DIREITO E INTELIGÊNCIA ARTIFICIAL: ÉTICA, MORAL E JUSTIÇA ASSOCIADOS A SISTEMAS AUTÔNOMOS E INTELIGENTES

Autor: Luiz Augusto Ribeiro dos Santos Filho

A sociedade Brasileira, inserida no contexto mundial, desenvolve-se dependendo da cibernética – avanço tecnológico. Todavia, as leis não acompanham a sociedade em algumas áreas, como a tecnologia e sua forma de atuação. O volume de dados criados no mundo cresce diariamente e a manipulação destes dados é feita por meio de novas tecnologias. Tornou-se viável a sua aplicação em diferentes áreas, inclusive na do Direito: o Big Data, o Blockchain, a Internet das Coisas (IoT) e a Inteligência Artificial (IA), o que colabora para aumentar o nível da inteligência negocial, estratégica, operacional, científica e jurídica. A transformação digital veio para enriquecer todas as áreas, sendo a nova tendência em escala mundial.

A população está passando por um momento importante e histórico, uma vez que vários profissionais da área jurídica estão se capacitando e, diante da transformação digital, sendo essenciais para pensar a prevenção, a legislação, os modelos de negócios e os novos serviços jurídicos correspondentes a essas demandas. A tecnologia, em si, não mudará o direito, uma vez que, por essência, o Direito sempre se adapta ao cotidiano, conceitos se aprimoram e segue-se os conflitos sociais existentes. O Direito, como finalidade, tem por objetivo consolidar regras de conduta de acordo com esses valores e minimizar os conflitos entre as organizações e pessoas. Cabe aos profissionais do Direito se adaptar a esses novos conceitos e necessidades de forma permanente para que estejam preparados para enfrentar os futuros problemas jurídicos relacionados à tecnologia.

Segundo Susskind (1986, p.168),

> A Inteligência Artificial (IA), pode ser considerada uma das grandes conquistas científicas e eventos transformadores da sociedade pós-industrial na transição entre os séculos XX e XXI, em que modernas tecnologias de comunicação e informação, a consolidação da internet e o aperfeiçoamento da robótica revelaram os desafios, as crises e angústias da própria humanidade. A partir dos questionamentos sobre os possíveis riscos e benefícios da IA para a melhoria das condições de vida das populações e para o próprio desenvolvimento humano, marcamos encontro com as narrativas dos "sistemas autônomos e inteligentes".

Os sistemas autônomos e inteligentes vieram para otimizar os serviços, melhorar a qualidade de vida em sociedade, trazer mais empregos à população, bem como, se aproximar da inteligência humana. Porém, este último fator pode vir a trazer aspectos negativos, uma vez que, por ser autônomo, é necessário que se concretize regulamentações e procedimentos de segurança legal quanto à responsabilidade civil destes sistemas para que humanos não sejam responsabilizados unicamente, em caso de algum dano material ou moral.

> Nos últimos anos, a inteligência artificial (do inglês Artificial intelligence, AI) tem se tornado muito popular. O Aprendizado de Máquina (do inglês Machine Learning, ML), o Aprendizado Profundo

(do inglês Deep Learning, DL), e a IA vêm sendo abordados não apenas em publicações voltadas para a área tecnológica e científica, mas várias reportagens vêm apresentando tecnologias, tais como carros autônomos e assistentes virtuais, como inevitáveis no futuro da humanidade. Algumas vezes a AI é apresentada como benéfica, mas por várias vezes a máquina inteligente é retratada como vilã que ocupará o lugar do homem em diversas atividades, tornando-o obsoleto. (Chollet, 2018)

Verifica-se que a Inteligência Artificial (IA) é um campo antigo e amplo que intenta automatizar o processo cognitivo, ou seja, automatizar o pensamento humano, seja através de implementação de funções lógicas matemáticas, até a construção de robôs que podem interagir com o mundo. A aplicação destas transformações digitais no direito se dá por meio da digitalização dos processos judiciais e a manipulação de dados, processos e informações jurídicas utilizando as técnicas de Inteligência Artificial (IA) e da ciência de dados e ferramentas de automação de documentos jurídicos, uma vez que existem inúmeros dados desestruturados e não armazenados em computadores no sistema judicial. Isso faz com que a prestação de serviços jurídicos tenha uma otimização, automação e transformação, contribuindo substancialmente para o avanço do Direito diante das transformações digitais existentes, melhorando a tomada de decisões em processos e a viabilidade jurídica à sociedade.

Desta forma, a Inteligência Artificial (IA) veio para contribuir com o Direito na otimização e na automatização dos serviços, bem como no suporte na tomada de decisão nos escritórios de advocacia. Também veio na forma de um agente motivador de entrega de resultados eficientes aos departamentos jurídicos nacionais e internacionais, ou seja, uma mudança de cultura de gestão jurídica, por meio da transformação digital que está ocorrendo na sociedade global.

ÉTICA, MORAL E JUSTIÇA NO USO DE SISTEMAS AUTÔNOMOS E INTELIGENTES

Estamos em um estágio no qual os discursos filosóficos e argumentativos em torno da ética, da segurança, da responsabilidade, da justiça e da dignidade são obrigatórios para os especialistas em ciências exatas. Uma vez que práticas, comportamentos e crenças diante da concepção e implementação de IA esbarram na moralidade, na inconsistências das atitudes do ser humano socialmente e nas incertezas quanto às formas em que os sistemas e entes autônomos e inteligentes são desenvolvidos e implementados na sociedade.

> A dificuldade em oferecer explicações para os resultados - e, consequentemente, para justificar decisões a serem tomadas com base nas inferências identificadas por sistemas dessa natureza - suscita um outro conjunto de preocupações relacionadas ao papel do livre arbítrio individual em contraposição à chamada "ditadura dos dados" . Ao mesmo tempo em que a crescente automatização de tarefas oferece promessas de mais eficiência, objetividade e produtividade, a opacidade dos sistemas de IA, da qual decorre também a dificuldade de rastrear os critérios que conduziram a determinada resposta, tende a suscitar questões difíceis, à medida que aumenta a capacidade de extrair inferências imprevistas e cresce a dificuldade de concretizar idéias ligadas à transparência, à compreensibilidade e à auditabilidade. (Burrel, 2016).

Frente à obscuridade de como a máquina tende a aprender e a tomar decisões, é necessário elaborar regulamentações nacionais, transnacionais e transdigitais. Também é necessário criar centros de auditorias técnicas para os sistemas autônomos e inteligentes visando mitigar possíveis danos causados (efeitos negativos) pelas máquinas aos seres humanos, pois isso leva a responsabilidades no âmbito civil e requer criação de leis nacionais e internacionais visando a proteção humana.

> A percepção de que campos cada vez mais extensos da vida humana têm condições de contorno delimitadas pela tecnologia tem conduzido a uma maior preocupação com relação aos critérios e parâmetros que orientam sua utilização e seu funcionamento. A fruição de um benefício social, a utilização de meios de transporte individuais ou coletivos, os resultados de uma pesquisa na Internet, a possibilidade de matricular uma criança em uma escola, as chances de conseguir um emprego ou uma promoção - todos têm em comum a possibilidade de serem condicionados por decisões algorítmicas ou por sistemas de Inteligência Artificial (IA), em geral dotados de elevado grau de opacidade. (Pasquale, 2015, p. 191) e Bucher (2018, p.41-65).

Um algoritmo pode ser caracterizado como uma sequência de instruções para a resolução de um determinado problema. É necessário que eles sigam regulamentações e diretrizes éticas com transparência para que não ocorram riscos potenciais a fornecedores, bem como, usuários destes sistemas autônomos e inteligentes. O objeto de atenção na comunidade científica está relacionado com o estudo, a definição e o estabelecimento de diretrizes, princípios ou regras capazes de minimizar potenciais efeitos negativos associados ao desenvolvimento da IA.

Neste contexto, existe a necessidade de regulamentação de códigos éticos bem definidos, pois os algoritmos de IA estão interferindo em um amplo conjunto de atividades sem transparência auditável. Isso poderá implicar moralmente e eticamente no funcionamento destas máquinas/robôs hábeis em aprender continuamente.

> O desenvolvimento recente da IA tem se mostrado fortemente dependente do acesso a grande base de dados, que funcionam como insumos para o "treinamento" de sistemas dessa natureza. Conquanto historicamente grande ênfase tenha sido dada ao algoritmo como principal objeto de estudo, trabalhos recentes de IA sugerem que, para muitos problemas, faz mais sentido dar centralidade aos dados utilizados – constatação essa que tem se demonstrado verdadeira à medida que aumenta a disponibilidade de bases de dados de grande dimensão. (Russel & Norvig, 2010, p.27).

Caso as tecnologias não sejam aplicadas corretamente, isso acarretará invasões na privacidade e na segurança dos cidadãos, o que poderá maximizar as desigualdades sociais e os preconceitos que já existem na sociedade. Os dados e as informações sensíveis devem ser preservados para não se invadir a privacidade das pessoas e garantir a segurança cibernética (Cybersecurity).

> Não há dúvidas de que a Inteligência Artificial (IA) e os algoritmos já desempenham um papel de grande importância na economia, dada sua capacidade de processar enormes quantidades de dados, traçar correlações e fazer inferências inesperadas. Entretanto, a despeito do potencial positivo relacionado à transformação de processos de trabalho, a viabilização de novas descobertas científicas e à oferta de serviços melhores, a presença cada vez mais pervasiva de sistemas de IA suscita também preocupações relacionadas aos seus potenciais efeitos diretos e indiretos para a sociedade como um todo, em áreas ligadas a diferentes dimensões da autodeterminação humana e da proteção dos direitos fundamentais. (Mckinsey & Company, 2018).

Apesar dos sistemas autônomos e inteligentes serem uma área da tecnologia que teve mais avanços e inovações, melhorando a vida da população, criando empregos, auxiliando na tomada de decisòes em diferentes áreas da ciência e mercados econômico-financeiro, os potenciais efeitos negativos da IA preocupa os acadêmicos, bem como a sociedade. Essa preocupação se deve à falta de leis transnacionais e transdigitais (sem fronteiras) capazes de responsabilizar os atores de possíveis danos causados por uma máquina com IA, uma vez que elas podem ser fabricadas e treinadas fora do país de origem que ocorreu o incidente. Como recorrer e a quem ?

> Os sistemas de Inteligência Artificial (IA) existentes não "pensam" da mesma maneira que os seres humanos, mas trabalham, predominantemente, a partir do reconhecimento de padrões que lhes permitem reconhecer relações não lineares entre dados, fazer inferências e solucionar problemas. Em um mundo de Big Data, é possível descobrir padrões e correlações em dados que oferecem novos e valiosos conhecimentos sem, entretanto, nos oferecer pistas no que se refere à causalidade. Tal fenômeno pode, em muitos casos, não acarretar qualquer tipo de problema: se, por exemplo, a partir da análise e cruzamento de inúmeros registros médicos, for possível constatar que a combinação de aspirina e suco de laranja faz com que pacientes com câncer apresentem melhor prognóstico, a exata causa da melhora no quadro de saúde talvez seja menos importante do que o fato de que os pacientes sobreviveram. (Mayer-Schonberger & Cukier, 2014, p.14-18)

Analogamente, Burrel (2016) afirma que

> "Por outro lado, a dificuldade em oferecer explicações para os resultados – e, consequentemente, para justificar decisões a serem tomadas com base nas inferências identificadas por sistemas dessa natureza – suscita um outro conjunto de preocupações relacionadas ao papel do livre arbítrio individual em contraposição à chamada "ditadura dos dados". Ao mesmo tempo em que a crescente

> automatização de tarefas oferece promessas de maior eficiência, objetividade e produtividade, a opacidade dos sistemas de IA, da qual decorre também a dificuldade de rastrear dos critérios que conduziram a determinada resposta, tende a suscitar questões difícieis, à medida que aumenta a capacidade de extrair inferências imprevistas e cresce a dificuldade de concretizar ideias ligadas à transparência, à compreensibilidade e à auditabilidade."

É necessário que a Inteligência Artificial (IA) tenha um padrão de transparência aceitável para um processo de auditoria. Os profissionais responsáveis pela criação dos algoritmos, responsáveis pelos modelos matemáticos, estatísticos e definidores do produto final, moralmente ou juridicamente reprováveis, devem poder ser responsabilizados juridicamente. É com urgência que as organizações, institutos, empresas mundiais e locais discutam e implementem padrões éticos nos ambientes das tecnologias emergentes visando melhorar o arcabouço legal e regulatório nesta área.

> Outro aspecto bastante debatido no âmbito dos riscos associados a sistemas de IA se relaciona com à ausência de sensibilidade para cultura e contexto, o que pode, em alguns casos, conduzir a resultados cômicos, como ocorre em falhas de tradução automática, ou acarretar impactos comerciais ou de segurança. (Picinini, 2016).

Este aspecto repercute na esfera consumerista, comercial e concorrencial.

Alguns algoritmos ainda não possuem sensibilidade ou características de costumes, cultura, tradições, crenças, religiões e sociais suficientes de um determinado grupo social que faça parte do treinamento "cognitivo" da máquina. Isso pode acarretar em potenciais riscos na tomada de decisão destes robôs inteligentes e gerar um dano material ou moral a pessoa ou empresa, a depender do objetivo e situação pela qual o robô está inserido.

> A ausência de sensibilidade para cultura e contexto tem sido debatida também no contexto de escolhas morais que eventualmente tenham que ser feitas por máquinas/robôs com inteligência artificial, sendo frequentemente citado o exemplo do carro autônomo que, na iminência de um acidente fatal, se vê entre diferentes escolhas, tais como matar o ocupante do carro, matar uma criança ou matar uma pessoa idosa. Estudos recentes indicam que a resposta considerada aceitável para tal questão pode ter significativas variações entre países, com forte dependência de cultura e de religião. (Awad, 2018, p.59-64)

De fato, a questão cultural, costumeira, religiosa e de hábitos inerentes de uma sociedade influenciará na resposta e no comportamento da máquina/robô na tomada de uma decisão, uma vez que ele passa por processos internos de treinamentos para um atividade específica, realizados pelos programadores e todo o corpo técnico antes de ser enviado para um determinado local estipulado pelos clientes ou fábrica.

Paralelamente, Malle et al (2015) destaca que:

> Independentemente, da discussão sobre a fonte ou as características de eventual código moral, culturalmente sensível, que pudesse ser atribuído ou ensinado a um sistema de Inteligência Artificial, estudos empíricos têm indicado que as pessoas têm expectativas morais diferentes em relação aos robôs e em relação aos seres humanos. Em pesquisa publicada em 2015, concluiu-se que, em geral, as pessoas entendem que uma decisão moral utilitária (e.g. o sacrifício de uma pessoa para preservar a vida de várias outras pessoas) é mais aceitável quando tomada por robôs do que por seres humanos; adicionalmente, parece existir uma expectativa de que os robôs não se abstenham de tomar ação. Tais percepções, se confirmadas, geram importantes condições de contorno para a construção de referências morais para o desenvolvimento de sistemas de IA, assim como justificam

a necessidade de desenvolvimento de habilidades de comunicação e de explicação de decisões que eventualmente se desviem de tais expectativas.

Remete dizer que as máquinas com Inteligência Artificial, diferentemente dos seres humanos, não podem mentir ou omitir durante o processo de decisão, ou seja, é quase nula a condição de mudança de decisão em um curto período diante de um processo decisório, pois os algoritmos serão construídos de forma lógica-linear baseados em padrões de cada região diante das variáveis locais internas de um país. Esta complexidade pode esbarrar, como um desafio, na responsabilidade civil, administrativa ou criminal em casos de incidentes ou falhas técnicas causadas pelas máquinas/robôs que detém Inteligência Artificial.

Por conseguinte, a integração da Inteligência Artificial (IA) em sistemas autônomos e inteligentes vem desafiando os paradigmas tradicionais do Direito, exigindo uma reflexão profunda sobre ética, moral e justiça. Mesmo sabendo que a IA possa otimizar processos e aumentar a eficiência decisória, sua autonomia levanta questões cruciais sobre responsabilidade, transparência e viés algorítmico, especialmente quando afeta direitos fundamentais.

A questão moral deve estar atrelada a esses sistemas e alinhada com valores humanos universais, assegurando que a justiça não seja apenas técnica, mas também equitativa e inclusiva. Mediante o exposto, é imperativo desenvolver um marco regulatório robusto, guiado por princípios éticos, que equilibre inovação e proteção dos direitos individuais e coletivos, garantindo que a IA sirva ao bem comum sem comprometer a privacidade humana, a dignidade ou a democracia.

REFERÊNCIAS BIBLIOGRÁFICAS

Awad, E., Dsouza, S., Kim, R., Schulz, J., Herich, J., Shariff, A., Bonnefon, J. F., & Rahwan, I. (2018). The Moral Machine Experiment. Nature, 563(7729), 59–64. https://doi.org/10.1038/s41586-018-0637-6

Burrell, J. (2016). How the machine "thinks": Understanding opacity in machine learning algorithms. Big Data & Society, 3(2), 1–12. https://doi.org/10.1177/2053951715622512

Chollet, F. (2018). Deep learning with Python. Manning Publications.

Malle, B. F., Scheutz, M., Arnold, T., Voiklis, J., & Cusimano, C. (2015). Sacrifice one for the good of many? People apply different moral norms to human and robot agents. Proceedings of the Tenth Annual ACM/IEEE International Conference on Human-Robot Interaction (pp. 117–124). ACM. https://doi.org/10.1145/2696454.2696458

Mayer-Schönberger, V., & Cukier, K. (2014). Big data: A revolution that will transform how we live, work, and think. Mariner Books.

McKinsey & Company. (2018). Notes from the AI frontier: Modeling the impact of AI on the world economy [Discussion paper]. https://www.mckinsey.com/featured-insights/artificial-intelligence/notes-from-the-ai-frontier-modelling-the-impact-of-ai-on-the-world-economy

Pasquale, F. (2015). The black box society: The secret algorithms that control money and information. Harvard University Press.

Piccinini, S. (2016, December 5). Correcting severe errors made by machine translation. eBay Tech Blog. https://www.ebayinc.com/stories/blogs/tech/correcting-severe-errors-made-by-machine-translation/

Russell, S. J., & Norvig, P. (2010). Artificial intelligence: A modern approach (3rd ed.). Pearson Education.

Susskind, R. E. (1986). Expert systems in law: A jurisprudential approach to artificial intelligence and legal reasoning. The Modern Law Review, 49(2), 168–194. https://doi.org/10.1111/j.1468-2230.1986.tb01683.x

INTELIGÊNCIA ARTIFICIAL E O DIREITO: INOVAÇÕES, RISCOS E DESAFIOS PARA O ORDENAMENTO JURÍDICO BRASILEIRO[1]

Autores: Elisangela Veiga Pontes, Barbara Lucia Tiradentes de Souza e Thalles Jarehd Tiradentes Vaz

A sociedade contemporânea experimenta transformações profundas provocadas pelo avanço tecnológico. O Direito, enquanto reflexo das dinâmicas sociais, encontra-se no centro dessas mudanças. Dentre as inovações de maior impacto, temos a Inteligência Artificial (IA), que vem sendo destaque nos últimos tempos e cuja presença tem modificado significativamente a forma como a justiça é administrada.

---

1 Este capítulo foi originalmente publicado como artigo na Revista Jurídica Gralha Azul do Tribunal de Justiça do Estado do Paraná: De Souza, B. L. T.; Pontes, E. V.; Vaz, T. J. T. (2025). Inteligência artificial e o direito: inovações, riscos e desafios para o ordenamento jurídico brasileiro. Revista Jurídica Gralha Azul - TJPR, [S. l.], 1(20). DOI: 10.62248/hvz4aq02. https://revista.tjpr.jus.br/gralhaazul/article/view/190. Acesso em: 31 maio 2025.

No âmbito do judiciário, a era digital já está avançada desde a automação de processos judiciais até o uso de algoritmos na tomada de decisões. A Inteligência Artificial tem transformado profundamente a administração da justiça, promovendo mais eficiência, agilidade e precisão na resolução das demandas jurídicas. Por outro lado, traz certa insegurança e alguns desafios para a sociedade, em especial no campo jurídico, onde levanta uma série de questionamentos e preocupações aos operadores do Direito.

Questões como a responsabilidade civil por decisões automatizadas, a proteção de dados pessoais, a ética no uso da tecnologia e o risco de viés algorítmico desafiam o sistema jurídico tradicional e os juristas com a urgente necessidade de regulamentação específica no Brasil, de modo que todas as inovações tecnológicas acabam, de certa forma, contribuindo para as incertezas no que se refere à confiabilidade das ferramentas utilizadas de Inteligência Artificial no âmbito jurídico.

Diante deste cenário, a área do Direito está entre as que têm maior potencial de transformação, tendo em vista a grande quantidade de atos, atividades e informações relacionadas a legislação, normas setoriais, processos judiciais, contratos, entre outras com muita aderência no uso de técnicas de IA para: (a) estruturar banco de dados; (b) desenvolver sistemas probabilísticos para suporte à decisão; e, (c) automatizar documentos (Coelho & Barbosa, 2024).

Neste contexto, este capítulo tem como objetivo geral analisar os impactos da Inteligência Artificial no Direito e como objetivos específicos analisar seus benefícios, questionar seus riscos e avaliar os desafios para o ordenamento jurídico brasileiro em meio a era digital.

Com uma breve análise das recentes regulamentações, esta pesquisa busca compreender de que forma a legislação vigente pode ser adequadamente adaptada para acompanhar os avanços tecnológicos, assegurando, ao mesmo tempo, a segurança jurídica e a proteção dos direitos e garantias fundamentais da pessoa humana. Busca-se, assim, equilibrar a inovação com a preservação dos princípios essenciais do Estado de Direito, garantindo que o progresso tecnológico ocorra de maneira ética e em benefício da sociedade.

Esses avanços tecnológicos vêm despertando reflexões profundas sobre os impactos sociais, éticos e econômicos da adoção crescente da Inteligência Artificial na sociedade.

Para isso, será realizada uma abordagem dos conceitos fundamentais da Inteligência artificial - IA, suas aplicações no Direito, bem como um estudo das implicações éticas e regulatórias envolvidas, sob a ótica das recentes regulamentações.

Diante desse cenário, torna-se imprescindível compreender não apenas o funcionamento técnico da inteligência artificial, mas também as implicações que ela acarreta para os indivíduos e para o tecido social. Assim, a relevância deste estudo se justifica pela necessidade de um debate aprofundado sobre o uso da Inteligência Artificial no meio jurídico, garantindo que seu desenvolvimento e aplicação sejam realizados de forma ética, segura e alinhada aos princípios do Estado Democrático de Direito.

A Inteligência Artificial está remodelando o modo como interagimos, tomamos decisões e até mesmo como concebemos o papel do ser humano em um mundo progressivamente automatizado. Sob este aspecto, este artigo propõe uma análise crítica e multidisciplinar da inteligência artificial, abordando sua evolução, suas principais aplicações e os desafios que emergem diante de seu uso intensivo na contemporaneidade.

Assim, espera-se contribuir para a construção de um arcabouço jurídico que concilie o fomento à inovação tecnológica com a necessária salvaguarda dos Direitos e Garantias Fundamentais da pessoa humana, promovendo um desenvolvimento ético, seguro e responsável da inteligência artificial no ordenamento jurídico brasileiro.

FUNDAMENTOS DA INTELIGÊNCIA ARTIFICIAL E A NOVA ERA DIGITAL

A era digital marca uma nova fase civilizatória, caracterizada pela integração de tecnologias avançadas nos mais diversos domínios sociais. Entre essas tecnologias, a Inteligência Artificial ocupa papel de destaque, especialmente por sua capacidade de simular aspectos do raciocínio humano na execução de tarefas específicas.

Entre as inovações tecnológicas, a que merece destaque no presente trabalho é a Inteligência Artificial (IA), que não apenas amplia as possibilidades de modernização do sistema jurídico, mas também impõe desafios significativos, exigindo reflexões sobre sua aplicação, regulamentação e impactos na justiça.

Para melhor análise e compreensão do tema faz-se necessário fazer uma abordagem acerca da origem e o desenvolvimento da Inteligência Artificial, bem como seu conceito e evolução ao longo do tempo.

O desenvolvimento da Inteligência Artificial tem raízes nos avanços tecnológicos impulsionados pela Segunda Guerra Mundial. Durante esse período, a necessidade de processar grandes volumes de informações, quebrar códigos e realizar cálculos complexos motivou a criação dos primeiros computadores. Essas máquinas, concebidas inicialmente para tarefas matemáticas e militares, pavimentaram o caminho para o surgimento dos primeiros conceitos de inteligência artificial, ainda que de forma embrionária, marcando o início de uma transformação tecnológica que se intensificaria nas décadas seguintes.

A Inteligência Artificial surgiu formalmente na década de 1950, com pesquisas voltadas para a criação de máquinas capazes de simular o raciocínio humano. Neste sentido Vigliar (2023), ao tratar do conceito de Inteligência Artificial traz em apud a seguinte definição:

Apesar de ter se tornado popular nos últimos anos, o termo inteligência artificial remonta à década de 50. Conforme ensinam Siqueira e Lara, o termo foi cunhado originalmente por John McCarthy, um cientista da computação estadunidense, em 1955, que a definiu como a "a ciência e a engenharia de fazer máquinas inteligentes, especialmente programas de computador inteligentes" (Siqueira & Lara, 2020, p. 305).

Desde então, sua aplicação tem se expandido exponencialmente, influenciando diversos setores, incluindo o Direito, desafiando conceitos tradicionais sobre autonomia, responsabilidade e regulamentação.

De acordo com Cometti (2025), a IA contemporânea, embora ainda restrita a domínios específicos, tem evoluído para sistemas mais complexos, como as redes neurais profundas e os modelos de linguagem, que permitem uma maior interação entre máquinas e humanos. Isso amplia o alcance da IA possibilitando desde diagnósticos médicos até a análise de jurisprudência em tempo real.

Ainda, pode-se trazer o conceito de Inteligência Artificial, como sendo "a capacidade de sistemas e máquinas, através de informações preestabelecidas, diagnosticar melhores decisões no tocante às definições de acordo com cada possibilidade, independente de definição prévia" (Siqueira & Lara, 2020, p.92, citado por Vigliar, 2023).

A definição de Inteligência Artificial ressalta sua função essencial: analisar dados e tomar decisões de forma autônoma. Como observa Alencar (2022, p. 9), "as aplicações atuais da IA são projetadas para tarefas específicas, como chatbots que apenas interagem via linguagem natural". Essa limitação não é falha, mas reflexo da finalidade específica para a qual cada sistema é desenvolvido.

Essa característica reflete o avanço da tecnologia no sentido de imitar, em algum grau, a cognição humana, especialmente no que diz respeito à análise de contextos e à adaptação a diferentes situações. No entanto, essa autonomia ainda hoje é limitada e ao mesmo tempo levanta importantes reflexões no campo jurídico, ético e social.

Em um mundo ideal, a inteligência artificial não poderia/deveria ferir ou prejudicar os seres humanos com suas decisões ou ações, Isaac Asimov, conhecido por ser mestre da ficção científica, criou em suas obras "leis" que regeriam a relação homem-robô, e uma delas seria exatamente esta, de que os robôs, por mais inteligentes e/ou dotados de atributos que fossem seriam impedidos, em sua essência, de qualquer ataque físico a um ser humano. (Garcia, 2025, p. 47).

Ainda que sua aplicação no Direito represente avanço promissor, a Inteligência Artificial também exige uma abordagem crítica, sobretudo quanto aos seus efeitos sobre as normas jurídicas e os direitos fundamentais.

A INTELIGÊNCIA ARTIFICIAL NO SISTEMA JURÍDICO BRASILEIRO, IMPACTOS E RISCOS

Atualmente vivenciamos uma verdadeira revolução tecnológica impulsionada pelo constante desenvolvimento da Inteligência Artificial (IA), que vem modificando significativamente a dinâmica de diversos setores, em especial no setor jurídico.

A aplicação da Inteligência Artificial (IA) no sistema jurídico brasileiro tem promovido avanços significativos na gestão de processos, com destaque para a automação de tarefas repetitivas e o auxílio na triagem de ações judiciais. Ferramentas como o sistema "Victor"[2] do Supremo Tribunal Federal (STF), são

---

2 Batizado de VICTOR, o sistema de inteligência artificial do Supremo Tribunal Federal foi desenvolvido durante a gestão da Ministra Cármen Lúcia com o objetivo de aprofundar o uso de IA no Judiciário. Trata-se do maior e mais complexo projeto de IA do Poder Judiciário brasileiro — e possivelmente de toda a Administração

exemplos de como a IA tem sido empregada para otimizar o fluxo processual, identificando temas de repercussão geral e facilitando a priorização de casos relevantes (Aguiar et al., 2024).

Esse cenário inaugura uma nova era para o Direito, marcada pela automação de tarefas repetitivas e pelo suporte à tomada de decisão. No entanto, ao mesmo tempo que proporciona eficiência e economia processual, a Inteligência Artificial levanta questões ético-jurídicas de elevada complexidade.

No Brasil, a inserção de ferramentas baseadas em Inteligência Artificial no sistema de Justiça tem provocado debates importantes sobre sua aplicação, limites e consequências. A respeito do tema Vigliar (2023, p. 89), leciona:

> (...) No outro diapasão, é cabível a discussão de qual o limite para a utilização e substituição da inteligência e supervisão humana por máquinas previamente dotadas de capacidade de superar as vicissitudes que envolvem decisões e atos na esfera judicial, cabendo ao Estado regulamentar as novas aplicações de modo que os princípios da dignidade da pessoa humana sejam respeitados e aplicados no Poder Judiciário brasileiro.

A adoção de tecnologias como algoritmos preditivos, automação de processos tem contribuído para a celeridade e eficiência das decisões judiciais, porém também levanta sérias preocupações quanto à proteção de dados, imparcialidade das decisões e segurança jurídica.

Pública. Em sua fase inicial, VICTOR é capaz de ler todos os recursos extraordinários encaminhados ao STF e identificar aqueles vinculados a temas de repercussão geral. Essa etapa, embora inicial, envolve elevado grau de complexidade em aprendizado de máquina.

Fonte: De Sanctis, F. M. (2020). Inteligência artificial e direito (p. 104). São Paulo: Almedina.

No entanto, essas inovações nos trazem muitas dúvidas e inseguranças, uma vez que, embora a Inteligência Artificial represente uma ferramenta poderosa de eficiência e inovação, seu uso exige um olhar crítico e regulatório, a fim de equilibrar os benefícios tecnológicos com os princípios da justiça, da equidade e da dignidade humana.

Diante desse cenário, mister se faz analisar os impactos e riscos da utilização da Inteligência Artificial no sistema jurídico brasileiro, abordando seus benefícios, desafios éticos e legais, bem como a necessidade de uma regulamentação capaz de acompanhar o ritmo acelerado das inovações tecnológicas, sem comprometer a base e os princípios fundamentais do Estado Democrático de Direito[3].

O uso da IA na justiça exige atenção constante, especialmente diante da necessidade de respostas rápidas a crimes. Cada Estado tem adotado o machine learning de forma autônoma. Contudo, preocupa a possibilidade de substituir juízes por algoritmos que, mesmo com base em precedentes, ignoram as nuances humanas e culturais que cada caso demanda, comprometendo a sensibilidade necessária à decisão judicial (De Sanctis, 2020).

Contudo, tais inovações trazem consigo riscos que não podem ser negligenciados. Um dos principais desafios envolve o viés algorítmico, que pode resultar em decisões judiciais enviesadas, afetando o direito à igualdade e ao devido processo legal (Lage, 2024). Sistemas treinados com dados históricos

---

3 Além de construir uma base ética comum para tratar da IA, é importante moldarmos essas tecnologias de uma forma que nos permitam assumir responsabilidades jurídicas. Mas como podemos assumir responsabilidades por algo que nem mesmo podemos entender? Precisamos discutir os impactos das tecnologias de IA em fóruns públicos, na mídia, nos jornais, nas redes sociais, nas escolas e nas empresas, demonstrando como a Inteligência Artificial pode mudar nossas vidas e pode ser crítica para todos nós.

Fonte: Alencar, A. C. de. Inteligência artificial, ética e direito: guia prático para entender o novo mundo (p. 36). São Paulo: Expressa, 2022. Recurso eletrônico.

refletem padrões sociais existentes, incluindo preconceitos implícitos, o que pode perpetuar ou até intensificar desigualdades no acesso à justiça.

Além disso, a transparência dos processos decisórios automatizados é outro ponto crítico. A opacidade de certos algoritmos, conhecidos como "caixas-pretas", dificulta a compreensão sobre os critérios adotados nas decisões judiciais, comprometendo o princípio da publicidade e o direito à ampla defesa (Vasconcelos, 2024).

O ordenamento jurídico brasileiro enfrenta, portanto, o desafio de estabelecer uma regulação que assegure o uso ético e responsável da IA. O Projeto de Lei nº 2.338/2023, em tramitação no Congresso Nacional, busca justamente definir diretrizes para o desenvolvimento e aplicação de sistemas de IA no país, inspirando-se em modelos internacionais como o AI Act da União Europeia, mas adaptando-os à realidade brasileira.

Além disso, a Resolução CNJ nº 615/2025 estabelece diretrizes para a governança de soluções de IA no Poder Judiciário, reforçando a necessidade de supervisão humana, avaliação de riscos e proteção dos direitos fundamentais em todas as fases do ciclo de vida dessas tecnologias.

O impacto do capitalismo de vigilância sobre o uso de dados no Judiciário também merece destaque. Conforme aponta Zuboff (2019), a captura massiva de dados pessoais alimenta modelos preditivos que podem ser explorados economicamente, o que acarreta riscos à privacidade e à dignidade da pessoa humana. O uso de IA no sistema jurídico, portanto, não pode ser dissociado da necessidade de proteção robusta de dados pessoais, conforme preconiza a Lei Geral de Proteção de Dados (LGPD).

Neste sentido, é essencial garantir que os sistemas utilizados no âmbito jurídico atendam a critérios de auditabilidade, explicabilidade e governança ética, assegurando que a IA seja uma aliada na promoção da justiça e não um fator de reprodução de desigualdades.

Neste contexto, torna-se imperiosa a reflexão crítica e extremamente pertinente sobre os limites éticos e jurídicos do uso da Inteligência Artificial (IA) no sistema de justiça. A preocupação central está na possibilidade de delegar, de forma irrestrita, decisões judiciais a sistemas automatizados, especialmente aqueles baseados em machine learning, sem considerar as singularidades de cada caso concreto e o papel insubstituível do juiz humano.

Embora a Inteligência Artificial possa contribuir para maior celeridade processual e otimização da gestão judiciária, não se pode ignorar que o Direito envolve elementos subjetivos, humanos e culturais que ultrapassam a mera aplicação mecânica de precedentes ou dados estatísticos. O julgamento não é apenas uma atividade lógica ou binária - ele exige empatia, sensibilidade e contextualização social e histórica, o que ainda está fora do alcance das máquinas.

Outro ponto sensível é o fato de que, em muitos contextos, a utilização da Inteligência Artificial tem ocorrido sem diretrizes normativas claras e uniformes, ficando a critério dos entes federativos ou até de órgãos individuais. Isso evidencia uma lacuna regulatória preocupante, pois o uso descontrolado e não supervisionado de algoritmos decisórios pode violar princípios fundamentais como o contraditório, a ampla defesa, o devido processo legal e a dignidade da pessoa humana.

Portanto, os impactos da Inteligência Artificial no Direito não se restringem ao plano instrumental, mas envolvem dilemas de natureza axiológica, exigindo um novo paradigma de governança tecnológica no âmbito jurídico.

INTELIGÊNCIA ARTIFICIAL E OS PRINCÍPIOS CONSTITUCIONAIS - PERSPECTIVAS FUTURAS - REGULAMENTAÇÕES

A interação entre Inteligência Artificial e os princípios constitucionais impõe reflexões críticas sobre os limites do uso dessa tecnologia. A Constituição Federal de 1988 consagra valores como a dignidade da pessoa humana, a igualdade, a legalidade, a privacidade e o devido processo legal, os quais não podem ser relativizados sob o pretexto da modernização tecnológica.

O avanço da Inteligência Artificial (IA) representa um marco na transformação tecnológica, nas relações sociais, econômicas e jurídicas. No que se refere ao Direito, especialmente no sistema constitucional brasileiro, surgem importantes questionamentos em especial sobre como garantir que o uso da Inteligência Artificial respeite os princípios fundamentais do Direito.

No campo normativo, é necessário refletir sobre as escolhas do Brasil para assegurar os direitos fundamentais à luz da Constituição. Este estudo não busca esgotar o tema, mas contribuir com novas perspectivas. Avalia-se a aplicação da IA no Judiciário, destacando que sua adoção integral, sem limites, pode comprometer direitos e garantias essenciais (Vigliar, 2023).

Neste contexto, o desafio contemporâneo consiste em construir uma estrutura normativa que permita o uso responsável e transparente da Inteligência Artificial, prevenindo abusos e assegurando que seu desenvolvimento ocorra à luz dos direitos fundamentais. As perspectivas futuras exigem diálogo multidisciplinar, controle social e atuação proativa do legislador, a fim de equilibrar inovação tecnológica e proteção constitucional[4].

Os sistemas de Inteligência Artificial trazem diversos benefícios à prática do Direito, especialmente em relação à automatização de atividades repetitivas, proporcionando maior agilidade e precisão. Entretanto, os impactos que as novas tecnologias vêm produzindo na sociedade igualmente levantam uma

---

4 Nesse sentido, a extrema novidade do assunto nos coloca diante de algumas importantes questões: (i) quem regula essas novas tecnologias no mercado? (ii) quais são os direitos e as salvaguardas invocados pelo consumidor em caso de dano causado pela IA? (iii) quais são as responsabilidades atribuídas aos seus desenvolvedores, operadores e distribuidores? (iv) em que medida deveríamos regular a inteligência artificial?

Fonte: Alencar, A. C. de. Inteligência artificial, ética e direito: guia prático para entender o novo mundo (p. 22). São Paulo: Expressa, 2022. Recurso eletrônico.

série de questionamentos ético-jurídicos na seara regulatória (De Sanctis, 2020).

As perspectivas futuras apontam para a construção de um arcabouço jurídico que assegure a ética, a responsabilidade e a equidade no uso da Inteligência Artificial. Isso demanda diálogo interdisciplinar e atuação legislativa qualificada, com vistas à criação de normas que regulam a Inteligência Artificial de forma eficaz, promovendo segurança jurídica e justiça social.

O Projeto de Lei nº 2.338/2023 representa um marco nesse cenário ao propor normas gerais para o desenvolvimento e uso responsável da IA no Brasil, buscando alinhar-se às tendências internacionais, como o AI Act europeu, mas respeitando as especificidades do ordenamento jurídico nacional (Cometti, 2025). A proposta prevê diretrizes que incluem a necessidade de avaliação de riscos, supervisão humana e transparência nos processos automatizados, assegurando que a utilização da IA não comprometa os direitos fundamentais dos cidadãos.

No âmbito do Poder Judiciário, a Resolução CNJ nº 615/2025 reforça essas diretrizes, ao estabelecer princípios para o desenvolvimento, implantação e governança de soluções de IA, destacando a necessidade de compatibilidade com os direitos fundamentais em todas as fases do ciclo de vida dessas tecnologias. A resolução prioriza a transparência, a proteção de dados e a supervisão humana, prevenindo riscos de opacidade e injustiça nas decisões judiciais automatizadas.

Além disso, o avanço da IA no Direito exige o fortalecimento das políticas públicas de educação digital, garantindo que operadores jurídicos estejam preparados para lidar com as complexidades técnicas e éticas das novas tecnologias. A formação interdisciplinar, que integre conhecimentos jurídicos, tecnológicos e éticos, é essencial para que a implementação da IA seja conduzida de forma responsável (Aguiar et al., 2024).

Portanto, a regulamentação da IA no Brasil deve ser entendida como um processo dinâmico, que demanda diálogo constante entre legisladores, operadores do Direito, desenvolvedores de tecnologia e a sociedade civil. Esse diálogo é fundamental para assegurar que a inovação tecnológica ocorra de forma alinhada aos princípios constitucionais e aos direitos fundamentais, promovendo uma justiça mais eficiente, transparente e inclusiva. A referida resolução representa um marco normativo importante ao estabelecer diretrizes claras para o desenvolvimento, uso e governança de soluções baseadas em inteligência artificial no âmbito do Poder Judiciário.

O artigo 2º da Resolução nº 615/2025 do Conselho Nacional de Justiça – CNJ, estabelece um conjunto robusto de fundamentos que orientam o uso da inteligência artificial no âmbito do Poder Judiciário, refletindo uma abordagem ética e humanizada.

Entre os princípios destacados, ressalta-se o respeito aos direitos fundamentais, a centralidade da pessoa humana e a promoção da igualdade[5] e justiça decisória, os quais demonstram que a tecnologia deve servir como aliada da dignidade e não como substituta do discernimento humano, o que de fato e uma das maiores preocupações na atualidade.

A Resolução nº 615/2025 visa garantir segurança jurídica, transparência e responsabilidade no uso da Inteligência Artificial, alinhando-a aos princípios constitucionais, como dignidade da pessoa humana, proteção de dados e não discriminação. O artigo 5º exige que tribunais assegurem o respeito aos direitos fundamentais em todas as etapas do ciclo de vida da IA desde

---

5 O princípio da igualdade consagrado pela constituição opera em dois planos distintos. De uma parte, frente ao legislador ou ao próprio executivo, na edição, respectivamente, de leis, atos normativos e medidas provisórias, impedindo que possam criar tratamentos abusivamente diferenciados a pessoas que se encontram em situações idênticas. Em outro plano, na obrigatoriedade ao intérprete, basicamente, a autoridade pública, de aplicar a lei e atos normativos de maneira igualitária, sem estabelecimento de diferenciações em razão de sexo, religião, convicções filosóficas ou políticas, raça, classe social.

Fonte: Moraes, A. de. Direito constitucional (41. ed., p. 44). Barueri: Atlas, 2025.

o desenvolvimento às atualizações e retreinamentos, conforme previsto na Constituição e em tratados internacionais.

A resolução também reforça a necessidade de supervisão humana nas decisões judiciais automatizadas, prevenindo riscos de opacidade ou injustiça decorrentes de algoritmos não auditáveis. Dessa forma, o Conselho Nacional de Justiça – CNJ, por meio da resolução 615/2025, demonstra um compromisso com a inovação responsável, equilibrando a necessidade do avanço tecnológico com os direitos fundamentais e os valores democráticos, logo no início do capítulo I, quando trata das definições e fundamentos para o uso de soluções de Inteligência Artificial no Poder Judiciário[6].

A resolução ainda traz em seu capítulo III a importância da transparência, segurança e proteção de dados pessoais no uso de soluções de inteligência artificial no Poder Judiciário. Este capítulo reforça o compromisso institucional com a publicidade e a aplicabilidade dos sistemas automatizados, exigindo que as soluções de Inteligência Artificial adotadas permitam compreender os critérios utilizados nas análises e decisões, o que é essencial para garantir a confiança dos jurisdicionados.

---

6 Art. 1º A presente Resolução estabelece normas para o desenvolvimento, a governança, a auditoria, o monitoramento e o uso responsável de soluções que adotam técnicas de inteligência artificial (IA) no âmbito do Poder Judiciário, com o objetivo de promover a inovação tecnológica e a eficiência dos serviços judiciários de modo seguro, transparente, isonômico e ético, em benefício dos jurisdicionados e com estrita observância de seus direitos fundamentais. Conselho Nacional de Justiça. Resolução CNJ n. 615, de 11 de março de 2025. Estabelece normas para o uso responsável de soluções que adotam técnicas de inteligência artificial no âmbito do Poder Judiciário.

Disponível em: https://atos.cnj.jus.br/files/original1555302025031467d4517244566.pdf. Acesso em: 7 abr. 2025.

Além disso, destaca a necessidade de assegurar a segurança cibernética e o estrito cumprimento da Lei Geral de Proteção de Dados (LGPD)[7], protegendo informações sensíveis e preservando a privacidade dos indivíduos. Ao exigir que os sistemas sejam auditáveis e que os dados utilizados sejam tratados de forma ética e responsável, o Conselho Nacional de Justiça - CNJ promove um ambiente de inovação tecnológica equilibrado com os direitos fundamentais, evitando riscos de discriminação algorítmica ou de decisões automatizadas injustas[8].

No que diz respeito à proteção de dados Pinheiro (2023), ressalta que a proteção dos dados pessoais é um direito fundamental reconhecido por várias leis ao redor do mundo. Na Europa, esse direito está assegurado na Carta dos Direitos Fundamentais da União Europeia e no Tratado sobre o Funcionamento da União Europeia. No Brasil, ele é garantido pelo Marco Civil da Internet e

---

7 Art. 1º Esta Lei dispõe sobre o tratamento de dados pessoais, inclusive nos meios digitais, por pessoa natural ou por pessoa jurídica de direito público ou privado, com o objetivo de proteger os direitos fundamentais de liberdade e de privacidade e o livre desenvolvimento da personalidade da pessoa natural. Parágrafo único. As normas gerais contidas nesta Lei são de interesse nacional e devem ser observadas pela União, Estados, Distrito Federal e Municípios. (Incluído pela Lei nº 13.853, de 2019). Brasil. Lei n. 13.709, de 14 de agosto de 2018. Dispõe sobre o tratamento de dados pessoais, inclusive nos meios digitais, com o objetivo de proteger os direitos fundamentais de liberdade e de privacidade.

Disponível em: https://www.planalto.gov.br/ccivil_03/_ato2015-2018/2018/lei/l13709.htm. Acesso em: 8 abr. 2025.

8 Conforme o art. 22 da Resolução CNJ n. 615, de 11 de março de 2025, os modelos de inteligência artificial adotados no Poder Judiciário devem observar as regras de governança de dados, bem como a LGPD, a LAI, a propriedade intelectual e o segredo de justiça.

Conselho Nacional de Justiça. Resolução CNJ n. 615, de 11 de março de 2025.

Disponível em: https://atos.cnj.jus.br/files/original1555302025031467d4517244566.pdf. Acesso em: 8 abr. 2025.

pela Lei do Cadastro Positivo. No entanto, a aplicação prática desse direito no Brasil ainda era frequentemente vaga e sem critérios claros sobre como os dados deveriam ser armazenados, manuseados e descartados de maneira segura.

Outro aspecto de suma importância foi tratado no Capítulo IV da Resolução nº 615/2025, ao abordar aspectos da gestão de riscos e responsabilização no uso de soluções de inteligência artificial no âmbito do Poder Judiciário. Esse capítulo reforça a importância de identificar e avaliar continuamente os riscos que podem surgir do uso de tecnologias de Inteligência Artificial, especialmente aqueles que impactam direitos fundamentais.

Além disso, estabelece a necessidade de mecanismos claros de responsabilização, garantindo que todos os envolvidos, seja do desenvolvimento à aplicação da Inteligência Artificial, estejam sujeitos à supervisão, prestação de contas e observância de normas éticas e legais.

Com isso, o Conselho Nacional de Justiça – CNJ, busca assegurar que a inovação ocorra com responsabilidade, protegendo a integridade do sistema judicial e a confiança do cidadão nas decisões automatizadas ou assistidas por Inteligência Artificial.

A Resolução também incentiva o desenvolvimento de soluções tecnológicas com base em princípios éticos, participação cidadã e supervisão institucional. Assim, o CNJ demonstra seu compromisso em equilibrar o avanço tecnológico com a proteção de garantias processuais e a confiança pública na administração da justiça.

DESAFIOS ÉTICOS E PERSPECTIVAS PARA O DIREITO NA ERA DIGITAL

Este estudo evidenciou que, apesar dos avanços trazidos pela IA à gestão judiciária, sua adoção sem regulamentação adequada pode comprometer garantias constitucionais como a dignidade humana, a privacidade e o contraditório. Destacou também a necessidade de inseri-la no contexto da era digital, ressaltando seu potencial disruptivo e os dilemas éticos que impõe ao Direito.

Já no segundo tópico, explorou-se o panorama histórico e conceitual da IA, evidenciando sua evolução e as limitações técnicas atuais, com ênfase no caráter funcional e restrito das aplicações contemporâneas e abordou os impactos e riscos associados ao uso da IA no sistema jurídico brasileiro, como o viés algorítmico, a opacidade das decisões automatizadas e a necessidade de assegurar a supervisão humana em todas as etapas dos processos judiciais. Aqui, evidenciou-se o papel fundamental do legislador em garantir que o uso dessas ferramentas respeite os direitos fundamentais, prevenindo abusos e injustiças.

Por derradeiro, no terceiro tópico, foram apresentadas as perspectivas futuras e regulamentações em debate, como o Projeto de Lei nº 2.338/2023 e a Resolução CNJ nº 615/2025, que, alinhadas ao AI Act europeu, delineiam parâmetros éticos, técnicos e jurídicos para a utilização responsável da IA no Brasil. O fortalecimento das políticas públicas de educação digital e a formação interdisciplinar dos operadores do Direito foram apontados como essenciais para acompanhar o avanço tecnológico com segurança e ética.

Como resultado da pesquisa, conclui-se que a Inteligência Artificial, por mais sofisticada que seja, jamais poderá substituir o olhar sensível do juiz e dos operadores do Direito, que compreendem as nuances da dor, da esperança e do conflito humano. Algoritmos, ainda que eficientes, carecem de alma, consciência e história. Portanto, é imperativo forjar um novo pacto entre tecnologia e humanidade, onde a inovação sirva aos direitos fundamentais, e não os subjugue

A Inteligência Artificial representa um avanço irreversível na sociedade contemporânea, e sua incorporação ao Direito impõe desafios teóricos e práticos que ainda estão em processo de amadurecimento. Assim, há necessidade premente de adaptação da legislação vigente, além de novos meios eficazes para a regulamentação de sua utilização.

A Inteligência Artificial, por mais sofisticada que seja, jamais poderá substituir o olhar sensível do juiz e demais operadores do direito os quais compreendem as entrelinhas da dor, da esperança e do conflito humano. Portanto, os algoritmos, ainda que eficientes, carecem de alma, de consciência e de história.

Por isso, é dever do legislador, do operador do Direito e da sociedade civil forjar um novo pacto entre tecnologia e humanidade onde a inovação sirva, e não subjugue, os direitos fundamentais.

Dessa forma, a Inteligência Artificial deve ser entendida como uma ferramenta complementar e estratégica, mas nunca como substituta da atuação humana, sobretudo nos processos decisórios que envolvem a vida, a liberdade e os direitos fundamentais dos cidadãos. A ética, a transparência e o controle social devem estar no centro das discussões sobre o uso da Inteligência Artificial no âmbito jurídico, exigindo do legislador, dos operadores do Direito e da sociedade civil uma atuação vigilante e comprometida com os valores do Estado Democrático de Direito.

A construção de um ordenamento jurídico compatível com a era digital requer uma nova postura do legislador, do operador do Direito e da sociedade civil, baseada no compromisso com a justiça, a dignidade e a segurança jurídica.

Nesse novo horizonte, o desafio não é apenas técnico ou normativo, mas filosófico: trata-se de decidir que tipo de justiça queremos construir na era digital. Uma justiça automatizada, fria e impessoal? Ou uma justiça ampliada pela tecnologia, mas ancorada nos valores humanos que a legitimam?

Este estudo propõe um modelo regulatório que concilie inovação e direitos fundamentais, com a tecnologia como aliada do Estado Democrático de Direito. Mais do que uma conclusão, o texto é um convite à ação e à reflexão sobre um sistema de justiça tecnológico, mas centrado na dignidade humana, onde a IA seja apenas instrumento complementar.

REFERÊNCIAS BIBLIOGRÁFICAS

Aguiar, A. J. S.; Soares, M. C. S.; Silva, A. M. D. F. (2004, nov.). O papel da inteligência artificial na prática jurídica contemporânea: os desafios e benefícios para o ordenamento jurídico brasileiro. Revista Fórum de Temas Contemporâneos, 29(140).

Alencar, A. C. (2022). Inteligência Artificial, Ética e Direito [recurso eletrônico]: guia prático para entender o novo mundo. São Paulo: Expressa.

Barroso, L. R. (2021). Curso de direito constitucional contemporâneo. 7. ed. São Paulo: Saraiva.

Brasil. Constituição da República Federativa do Brasil de 1988. Acesso em 24 de abril de 2025, https://www.planalto.gov.br/ccivil_03/constituicao/constituicao.htm

Coelho, A. Z.; Barbosa, M. J. P. (Coord.). (2024). Inteligência Artificial aplicada aos serviços jurídicos: casos práticos de uso nos escritórios de advocacia, departamento jurídico e no Poder Público. São Paulo: Thomson Reuters Brasil.

Cometti, M. T. (2025). Inteligência Artificial no Direito: impactos e desafios no Brasil. São Paulo: Legale Educacional.

Conselho Nacional de Justiça (Brasil). Resolução nº 615, de 22 de abril de 2025. Estabelece diretrizes para a governança das soluções de Inteligência Artificial no âmbito do Poder Judiciário. Acesso em 24 de abril de 2025, https://atos.cnj.jus.br/atos/detalhar/6001.

De Sanctis, F. M. (2020). Inteligência artificial e direito. 1. ed. São Paulo: Almedina.

Garcia, L. R. (2025). Como a inteligência artificial impacta a prática do direito: entre sujeitos, objetos e robôs = How artificial intelligence impacts the practice of law: among subjects, objects and robots. São Paulo: Thomson Reuters Brasil.

Lage, J. (2024). Desafios e riscos de utilização (in)adequada da inteligência artificial como ferramenta de resolução de demandas no sistema judiciário. Revista Fórum de Temas Contemporâneos.

Lopes, I. L.; Santos, F. A. O.; Pinheiro, C. A. M. (2014). Inteligência artificial. 1. ed. Rio de Janeiro: Elsevier.

Moraes, A. (2025). Direito Constitucional. 41. ed., rev., atual. e ampl. - Barueri [SP]: Atlas.

Pinheiro, P. P. (2023). Proteção de dados pessoais: comentários à Lei n. 13.709/2018 (LGPD). 4. ed. São Paulo: SaraivaJur.

VIGLIAR, J. M. M. (Coord.). Inteligência artificial: aspectos jurídicos. São Paulo: Almedina, 2023.

Vasconcelos, M. I. (2024). Direito e Inteligência Artificial: desafios e perspectivas. Blog Inês e Viva.

Vigliar, J. M. M. (Coord.). (2023). Inteligência artificial: aspectos jurídicos. São Paulo: Almedina.

Zuboff, S. (2019). A era do capitalismo de vigilância. Rio de Janeiro: Intrínseca.

GOVERNANÇA DE INTELIGÊNCIA ARTIFICIAL: PERSPECTIVAS E DESAFIOS

Autor: Rodrigo Monteiro Custódio

Dentre as novas tecnologias da denominada Quarta Revolução Industrial, destaca-se a rápida evolução e popularização da Inteligência Artificial (IA), amplamente compreendida como a capacidade de ente computacional de expressar raciocínio ou expressar capacidades psicológicas tais como a percepção, a associação, a previsão, o planejamento, o controle motor próprio de seres humanos e de animais na busca de seus objetivos. Junto com os potenciais benefícios econômicos, culturais, civilizacionais, educacionais e sociais advindos da expansão do uso e desenvolvimento da IA, diversos países já vêm relatando riscos individuais e coletivos associados ao mal uso da tecnologia, os quais, em maior ou menor grau, podem colocar em perigo normas sociais e anular direitos individuais e coletivos básicos.

É neste cenário que o tema da Governança da IA ganha notoriedade como um instrumento moderno e adequado para realizar a gestão do ciclo de vida da tecnologia, garantindo que, ao longo de todo o processo iterativo, seus desenvolvedores e usuários levem em consideração normas, regras, boas práticas, standards e guard rails éticos e técnicos que garantam direitos e garantias fundamentais.

Para alcançar esse objetivo, os entes públicos possuem a seu dispor, ao menos, três grandes tipos de modelos de regulação da Governança de IA, quais sejam, o modelo de Regulação Estatal, caracterizado pelo papel central do Estado, o modelo de Autorregulação, em que os atores da iniciativa privada criam os regramentos com a chancela estatal, e o modelo de Corregulação, no qual tanto o Estado quanto os setores privados, em colaboração, regulamentam o tema.

Não obstante, ainda há grande discussão entre os especialistas no assunto sobre qual é o framework específico de Governança de IA ótimo para regular a matéria, dada a novidade e a constante evolução da tecnologia, o desconhecimento sobre todos os possíveis efeitos negativos sobre a sociedade e as especificidades de cada contexto nacional, inexistindo, por enquanto, qualquer tendência em um ou em outro sentido.

DO CONCEITO GERAL DE GOVERNANÇA

Desde o início do Século XXI, a economia global, em diferentes graus e extensões, encontra-se paulatinamente ingressando em um processo de globalização, digitalização e democratização dos meios de produção, da participação dos agentes econômicos e da própria relação destes com a sociedade.

Neste contexto, o escopo de atenção das organizações empresariais vem sendo repensado, desde a década de 1990, para incluir, não apenas a conformidade formal às legislações nacionais, mas também o desenvolvimento de uma conformidade material, substancial, que reflita os fundamentos éticos e morais da instituição (Saavedra, 2020, p.41), preservando o valor da empresa e a manutenção da reputação perante o mercado (Carvalhaes & Mendonça, 2019, p.311).

É dessa mudança de paradigma que surge a denominada Governança Corporativa, campo de estudo preocupado em criar um ambiente empresarial que estimule os stakeholders internos, executivos e colaboradores, e os stakeholders externos, sociedade civil e o Poder Público, a procurar de forma voluntária cumprir regras e princípios, agir com ética e tomar decisões individuais e coletivas no melhor interesse de longo prazo da instituição e da sociedade em geral (Silveira, 2020, pp.27-28).

No entanto, no contexto de um mundo BANI - Brittle, Anxious, Nonlinear e Incomprehensible (Frágil, Ansioso, Não linear e Incompreensível), a prática da Governança Corporativa vem enfrentando novos desafios advindos das disrupções tecnológicas como a Inteligência Artificial (Saavedra, 2020, pp.60-62), fato que irá exigir dos atores do ecossistema regulatório trabalho sinérgico e colaborativo para a boa gestão da tecnologia.

DA APLICAÇÃO DA GOVERNANÇA À INTELIGÊNCIA ARTIFICIAL

Um dos resultados de todos esses building blocks da atual Quarta Revolução Industrial é a explosão das aplicações/plataformas digitais, desenvolvidas a partir da codificação de algoritmos, seja utilizando trabalho humano e/ou trabalho humano com assistência de IA, com o uso em várias áreas da vida humana moderna (Teixeira & Cheliga, 2021, pp.17-23), implicando na smartification do dia a dia (Yeung, 2017, p.6) de usuários pessoas físicas ou jurídicas, de direito privado ou público, de adultos ou menores de idade, de jovens ou pessoas idosas, de grupos economicamente privilegiados ou não.

Os exemplos são abundantes e só comprovam que a sociedade moderna está experimentando o fenômeno da digitalização de maneira ampla e expressiva, tornando-se uma sociedade digital (Pinheiro, 2021, pp.61-63), infoesfera (infoesphere; Floridi, 2014, p.60) ou vida onlife (Floridi, 2015, pp.7-8), consolidando-se a ideia de inexistência de distinção entre o mundo físico e o mundo digital, ambos se entrelaçando para formar uma única realidade.

Nada obstante, essa era de mudanças traz consigo preocupações sérias relacionadas à efetiva proteção pelos players do mercado e pelo próprio Poder

Público, por meio do Direito (Lacerda, 2021, p.87), do que se entende por bem-estar humano (Macohin, 2023, p.8), conjunto de direitos fundamentais, tais como o direito à privacidade, à proteção de dados pessoais, à igualdade, à não discriminação etc.

Um caso digno de nota diz respeito à falta de transparência dos guidelines e do processo de tomada de decisões (Holger & Pereira, 2022. p.1) das principais empresas desenvolvedoras de aplicações/plataformas digitais globais de IA, não existindo para os usuários desses modelos de serviços online explicações sobre seu desenho técnico e sua mecânica (como funcionam) e seus objetivos (porque opera; Dos Anjos, 2023, pp.94,101).

Essa indisposição por parte dos players do mercado de IA, privados ou públicos, em fornecer explicação sobre os procedimentos computacionais de seus produtos e/ou serviços, criando a XAI – Explicable Artificial Intelligence ou IA explicável (Russel & Norvig, 2022, p.904), caracteriza o chamado problema da "black box" (Pasquale, 2015, p.3), uma metáfora que representa a obscuridade de sistemas de decisão (Webb, 2020, p.113), resultando em danos reais à sociedade em diversas áreas (Guidotti et al, 2019, p.2).

Ainda neste sentido, há relatos de uso da IA para criar e/ou reforçar racismos, vieses e preconceitos, como no fatídico exemplo do sistema COMPAS - Correctional Offender Management Profiling for Alternative Sanctions, sistema de análise de risco desenvolvido pela empresa Northpointe Inc, e utilizado pelo sistema judicial do Estado norte americano de Wisconsin para calcular a probabilidade de reincidência criminal, a partir de profiling, para fins de análise de pedido de concessão de fiança ou de definição de pena por meio de decisão judicial, o qual provou deter viés racial em desfavor de populações negras e hispânicas.

Todos esses exemplos adversos do uso da IA, somados a outras problemáticas já experienciadas, tais como opacidade (opacity), que reduz ou elimina a capacidade de escrutínio externo; a vigilância extrema (surveillance) e problemas de identificação do indivíduo (individual identity) que possui consequências na formação do seu profiling para score de crédito (financial identity), hábitos de compra (customer identity), o histórico médico (health identity), comprovam os possíveis malefícios do mal uso da tecnologia.

Exatamente para tentar lidar com as complexidades da IA (Srivastava, 2023, pp.2-3), e contrabalancear sua influência (Danaher, 2016, p.3), é que vem se desenvolvendo, particularmente, nas últimas duas décadas, com o avanço exponencial das aplicações das redes neurais artificiais, por meio de Machine Learning e de Deep Learning, uma nova espécie de gestão da IA, a chamada Governança de Inteligência Artificial, Governança dos Algoritmos (Saurwein et al, 2015, p.2) ou Governança Digital (Floridi, 2018, p.3).

Com acuidade, Gianni et al (2022, p.4) afirmam que a Governança de IA é o campo desenvolvido com a finalidade de compreender, controlar, governar, conduzir e moldar a tecnologia de IA, assim como seus institutos e contextos nos quais esta é desenvolvida e implementada, destacando sua grande expansão nos últimos anos, muito em razão da proliferação de contribuições e sugestões do setor público. Já para Sastry et al (2024, p.11), a Governança de IA se refere ao estudo ou prática de sistemas locais ou globais, incluindo normas, políticas públicas, leis, guidelines, standards, boas práticas e instituições, responsáveis por realizar a gestão da pesquisa, do design, do deploy e do uso da IA.

A Governança de IA deve ter como objetivo ajudar na modelagem, no desenvolvimento e implementação de uma IA benéfica, ao assegurar que os atores do ecossistema tenham os objetivos, incentivos, visão global, tempo, treinamento, recursos, suporte e organização necessárias para a construção de soluções que auxiliem a humanidade (Dafoe, 2018, p.7)

Ao contrário da Governança Corporativa tradicional que se volta essencialmente em favor do capital e dos interesses da organização e dos shareholders, constituindo-se como instrumento particular de maximização do lucro, a Governança de IA traz uma nova proposta, ao se abrir também para incluir os interesses da sociedade e do planeta, com a responsabilização da corporação pelos eventuais danos causados pelo mau uso da tecnologia (Da Silva & Feferbaum, 2023, p.32).

A Governança de IA, portanto, é de certa forma pública, envolvendo o trabalho colaborativo e interativo entre os atores privados, públicos e a sociedade em geral (Introna, 2016, p.3), na elaboração e implementação de ideias, planos, regulações e políticas públicas que se voltem ao bem comum, deslocando o protagonismo do papel centralizador do Estado para a atuação multissetorial pública-privada (Gritsenko & Wood, 2022, p.3)

Para Coeckelbergh (2024, pp.4-5), a Governança de IA possui um caráter democrático, por meio da participação ativa dos stakeholders e do cidadão-usuário da tecnologia por meio de novas formas de exercício da cidadania, com a finalidade de, respeitando-se o lucro privado, buscar a proteção de valores e princípios comumente aceitos pela comunidade jurídica internacional, tais como direitos humanos, proteção ao meio ambiente, diversidade e inclusão, sustentabilidade, justiça e não discriminação.

Por outro lado, apesar de plural (Gianni et al, 2022, p.11), a Governança de IA deve ser dinâmica o suficiente para ser capaz de adaptar-se rapidamente às constantes disrupções causadas pela evolução constante da tecnologia e, ao mesmo tempo, politicamente factível, a fim de estabelecer critérios objetivos para avaliação, prevenção e mitigação de riscos e implementação de enforcement, a exemplo de outros mercados de tecnologias sensíveis seriamente regulados (Bengio et al, 2024, pp.2-3).

DOS ATUAIS FRAMEWORKS DE REGULAÇÃO DE IA

Regulação Estatal

Dentro deste contexto, a Governança de IA, somada às iniciativas dos setores privados, do trabalho relevante da academia e da participação ativa dos movimentos de representação social, vem recebendo, recentemente, intensa atenção do Poder Público ao redor do globo (Maslej et al, 2024), resultando em diversos modelos regulatórios que variam amplamente em escopo, extensão, objetivos, princípios, regramentos e medidas de enforcement (Taeihagh, 2021, p.2).

Cabe destacar que os diversos frameworks estatais de Governança de IA expressam decisões sociopolíticas e são o resultado direto ou indireto da interação dialética dos players, reguladores (regulators), regulados (regulatees) e beneficiários (beneficiaries) integrantes do ecossistema (Clarke, 2019, p.2) de cada país, de cada bloco político-econômico e, em certa medida, do contexto global.

De modo geral, refletindo a taxonomia metodológica já estabelecida para a técnica da Governança (Gritsenko & Wood, 2022, p.5), existem, atualmente, três grandes tipos de modelos de regulação da Governança de IA, quais sejam, o modelo de Regulação Estatal, o modelo de Autorregulação e o modelo de Corregulação, os quais guardam características, vantagens e desvantagens próprias que devem ser analisadas nos respectivos contextos (Latini & Fachinetti, 2023, pp.156,157,158,160).

O primeiro modelo é o da Regulação Estatal da Governança de IA ou Government Regulation (Marchant & Gutierrez, 2023, p.7), compreendido como aquele no qual um Estado ou mesmo um conjunto de Estados, atuando por meio de um bloco político, por meio de representantes políticos, eleitos ou indicados, no contexto de um processo legislativo próprio, debate e sanciona regras sobre a gestão da IA, constituindo-se de observância obrigatória por parte da parte comunidade destinatária, motivo pelo qual são conhecidas como hard law.

Nesse modelo, o Estado exerce um papel centralizador e atua como o principal agente de Governança de IA, em uma abordagem top-down, estabelecendo normas e regras para regular a atividade de maneira cogente e por meio de uma burocracia estatal já estabelecida ou criada especificamente para esta atividade. A lógica é a submissão de todos os atores do ecossistema aos ditames e diretrizes públicas (Gritsenko & Wood, 2022, p.5).

Em um esquema hierárquico de normas de regulação, a Regulação Estatal da Governança de IA se localiza no topo da cadeia, constituindo-se como o meio mais formal de exercer governança, exigindo dos regulados (regulatees) e dos beneficiários (beneficiaries) o legal compliance, sob pena de aplicação de sanções, geralmente, por meio de órgãos e agências especializadas (Clarke, 2019, p.6).

Um ponto positivo do modelo de Regulação Estatal de Governança de IA é a possibilidade de maior grau de segurança jurídica para os integrantes do ecossistema de IA, já que as regras, por exigirem um processo legislativo formal, acabam tendo maior grau de estabilidade e publicidade, o que incentiva investimentos internos e externos voltados para o desenvolvimento da tecnologia a longo prazo.

Outro ponto visto como de valor na regulação realizada pelo Poder Público é o fato de que, se ocorrer por meio de representantes políticos democraticamente eleitos, terá maior grau de legitimidade ao expressar de forma indireta a vontade da população sobre o tema da IA, tecnologia que paulatinamente já atinge todos os setores sociais e vem chamando a atenção do grande público.

Entretanto, um aspecto potencialmente negativo sobre a Regulação Estatal de Governança de IA é a possível falta de Literacia Digital ou Literacia em IA (Hwang et al, 2023, pp.2-3) por parte dos representantes políticos, eleitos ou indicados (G´Sell, 2024, p.24), fato que tem a possibilidade de influenciar os debates e as tomadas de decisões de maneira prejudicial, resultando em uma legislação que não atenda às reais necessidades do tema.

Em continuidade, contrapondo-se à estabilidade, outro ponto de atenção diz respeito à rigidez (Erdelyi & Goldsmith, 2018, p.5), em regra, das regulações estatais de Governança de IA, que demandam longos e custosos processos para implementação de mudanças, o que, no contexto hiperativo da Quarta Revolução Industrial, não atende às demandas incessantes da evolução da IA. Há o risco de se ter regras desatualizadas e, portanto, inúteis para o tema.

Para Luciano Floridi (2021, pp.2-3), diante das tentativas infrutíferas de se regular a indústria digital ao longo das últimas duas décadas por meio da modalidade de Autorregulação, em especial por meio da participação ativa das Big Techs, e em razão dos altos custos éticos, sociais, ambientais e econômicos advindos dessa iniciativa, a Regulação Estatal de Governança de IA acaba por se apresentar como a solução mais viável para se efetivar a proteção dos direitos fundamentais em jogo.

Um caso recente de Regulação Estatal de Governança de IA é a aprovação pelo Conselho da União Europeia, em 21 de maio de 2024, do AI Act, o qual se caracteriza como o primeiro documento legislativo que cria um framework para a gestão da tecnologia no continente europeu e nos países com os quais o bloco europeu se relaciona (União Europeia, 2021).

Outra manifestação de Regulação Estatal de Governança de IA de valor expressivo para o debate foi a edição, em 23 de janeiro de 2025, da Executive Order Removing Barries to American Leadership in Artificial Intelligence (Estados Unidos da América, 2025), pelo Presidente Donald Trump, revogando a normativa anterior, trazendo parâmetros gerais relacionados ao tema, especialmente voltadas aos departamentos e agências que integram a estrutura político-administrativa federal.

Ainda nesse contexto de atuação do Poder Público como vetor de impacto na regulação do tema, em maio de 2023, o Presidente do Senado Federal do Brasil, Senador Rodrigo Pacheco (PSD/MG), propôs o Projeto de Lei – PL n. °2.338/2023 (Senado Federal, 2023), o qual foi o resultado do Relatório Final do trabalho da Comissão de Juristas para análise dos Projetos de Lei n.°21/2020, n.°5051/2019 e n.°872/2021, e tem por objetivo ser o Marco Legal da Inteligência Artificial no país, estando pendente de análise e votação pelo Senado Federal.

Autorregulação

O segundo modelo é da Autorregulação de Governança de IA ou Self-Regulation que ocorre por meio da elaboração de arquitetura regulatória, de forma direta e ativa, pelos atores da iniciativa privada que modelam, desenvolvem e implementam as soluções algorítmicas, movimento que se traduz em guidelines, memorada of understading - MoU, certificações, códigos de conduta, manifestos, statements ou manuais de boas práticas, regras estas que, por possuírem caráter principiológico e orientativo, não são de observância obrigatória, denominando-se, portanto, soft law (Marchant & Gutierrez, 2023, pp.12-13).

Nesse modelo regulatório, o papel do Estado limita-se a criar estímulos e incentivos normativos para que os agentes privados possam, geralmente por meio de associações profissionais, industriais ou comerciais, e a partir de seu conhecimento profundo do funcionamento da IA (G´Sell, 2024, p.21), elaborar regramentos mais conectados com as práticas técnicas do mercado e, portanto, mais efetivos na realização dos objetivos propostos. Nada obstante, uma crítica ao modelo autorregulatório é que a concepção dessas regras não formais, em geral, não inclui a participação da sociedade civil e dos stakeholders, excluindo as necessidades, os anseios, os medos e os desejos da comunidade para a qual se voltam as aplicações de IA, o que fragiliza a legitimidade de tais acordos (Taeihagh, 2021, p.10), apresentando o risco de que tal normatização reflita apenas interesses de mercado (Tasioulas, 2019, p.6).

Outro ponto de atenção é que o Self-Regulation não é vinculante e não dispõe de medidas de enforcement, constituindo-se como uma mera expressão de voluntarismo (voluntarism) dos agentes envolvidos (Clarke, 2019, p.7), o que diminui em muito a sua efetividade e o exercício de controle externo estatal para a defesa de direitos e garantias fundamentais de seus usuários, especialmente diante da popularização de sistemas de IA extremamente avançados, conhecidos por parte da literatura especializada como Frontier AI Models (Anderlung et al, 2023, pp.18-19).

De resto, outro ponto de discussão é que esse tipo regulatório, por ser autorreferenciado, pode apresentar diversos problemas éticos perpetrados pelos agentes de desenvolvimento e implementação de AI, a fim de afastar preocupações, questionamentos e desconfianças de percepção pública da empresa pelo mercado e pelos reguladores públicos (Van Maanen, 2022, p.2), constituindo um conflito de interesses que desnatura completamente o propósito da regulação de gerir de forma eficiente o tema. Alguns exemplos de más práticas éticas relacionadas ao tema da IA são ethics shopping, quando as regras são criadas para justificar comportamentos anteriores; ethics bluewashing, quando não há compromisso sério em implementar o guideline ético, mas apenas desejo de ganho reputacional; ethics lobbying, quando a autorregulação é criada como uma estratégia para impedir ou postergar legislação estatal; ethics dumping, quando há exportação do desenvolvimento da IA para países com legislação menos rigorosa e ethics shirking, que é a prática de diminuir o trabalho ético quando inexistir um retorno suficiente dentro de um contexto (Floridi, 2019, pp.2-7).

Não obstante as dificuldades apresentadas pelo modelo de Autorregulação de Governança de IA, o exercício de uma boa cidadania (good citizenship) pelos agentes privados por meio da atividade autorregulatória de IA se apresenta como essencial para regular o tema na ausência de lei específica ou para superar generalizações, omissões, ambiguidades ou dificuldades interpretativas na lei existente (Floridi, 2021, p.3), fazendo avançar, em muitos casos, o tema, a partir da soft law (Erdelyi & Goldsmith, 2018, p.6).

Destarte, exemplos de Autorregulação de Governança de IA efetiva e amplamente reconhecida por seus méritos são os pronunciamentos ou statements elaborados pela ACM - Association of Computing Machinery, a maior associação de profissionais de ciência da computação do mundo, e pela IEEE - Institute of Electrical and Electronics Engineers, instituição fundada em 1963, maior organização profissional técnica do mundo com mais de 460.000 membros em 190 países.

Corregulação

O terceiro modelo é o de Corregulação de Governança de IA ou Co-regulation (Marchant & Gutierrez, 2023, pp.19-20), no qual o Estado, a iniciativa privada, a sociedade civil e a academia seriam responsáveis, em um trabalho conjunto, coordenado e colaborativo, pela elaboração das normas regulatórias cooperativas (cooperative policies), complementando-se para criação de um conjunto híbrido, balanceado e harmonioso tanto de hard law quanto de soft law, o qual seria objeto de enforcement por meio de penalidades e sanções legais.

Nesse modelo regulatório, à lei formal, resultante do processo legislativo político, caberia estabelecer o arcabouço mínimo dos temas essenciais para a matéria de IA (Clarke, 2019, p.9), tais como a indicação da autoridade pública especializada; o corpo de princípios gerais aplicáveis ao tema; a lista das obrigações cogentes endereçadas aos regulados, determinadas por meio de trabalho consultivo e, por fim, as medidas de enforcement, tudo com a finalidade de refletir as necessidades de todas as partes envolvidas e não apenas interesses institucionais e poderes de mercado.

Como resultado, os agentes privados, com a participação da sociedade civil e da academia, teriam a competência para elaborar Códigos de Conduta (Enforced Codes) para operacionalizar o conteúdo técnico e ético da lei formal, os quais se sujeitariam à validação pela autoridade pública especializada, passando a se constituir como espécie de padrão a ser observado pelo setor (Latini & Fachinetti, 2023, p.160) e guiando as decisões técnicas diárias, no detalhe, do ciclo de vida da IA.

A Corregulação de Governança de IA, por sua vez, traz vantagens em relação ao modelo de Regulação Estatal na medida em que faz bom uso da expertise dos players do mercado privado para a elaboração de regras técnicas alinhadas com a rápida evolução da tecnologia (De Bruin, 2023, p.4), o que tem o potencial de aumentar significativamente a efetividade da legislação para o tema, essencial para a Digital Sovereignty ou Soberania Digital (Braun & Hummel, 2024, p.6). Outro ponto de destaque do modelo de Corregulação de Governança de IA é que este parece superar a arquitetura de Autorregulação ou Self-Regulation em, pelo menos, dois aspectos: tanto em relação à segurança jurídica, por ter seu núcleo duro estabelecido por meio de representantes políticos em processos legislativos formais, quanto ao enforcement, ao prever medidas legais para a garantia da observância obrigatória por todos os atores do ecossistema de IA.

No caso específico das medidas de enforcement, a autoridade pública especializada poderia exercer sua fiscalização de duas formas. A primeira seria de maneira direta, por meio do exercício de poder fiscalizatório geral, tanto sobre o processo de elaboração dos Códigos de Conduta quanto sobre as atividades prestadas pelos agentes privados, a exemplo do que já acontece no Brasil com a sistemática das Agências Reguladoras, nos termos da Lei n. º13.848, de 25 de junho de 2019 (Brasil, 2019). Essa eventual entidade especializada em IA exerceria o controle direto, preferencialmente, por meio de controle prévio dos sistemas algorítmicos a fim de se evitar o dano, metodologia prevalente nos círculos internacionais especializados (Chan et al, 2023, p.2), autorizando ou não o deploy da tecnologia a partir de uma rigorosa análise técnica e ética, a exemplo do que acontece, nos Estados Unidos da América, com a FDA – Food and Drug Administration, agência federal responsável pelo controle da saúde pública.

A segunda forma é a indireta, por meio da delegação de poderes para entidades privadas setoriais acreditadas pela autoridade pública especializada, as quais fariam a certificação dos sistemas de IA utilizados pelos agentes de um determinado setor industrial, comercial, agropecuário ou profissional, por meio da emissão de selos e marcas de qualidade técnica com data de validade (Latini & Fachinetti, 2023, pp.161-162). Essa arquitetura regulatória possui como objetivo atestar a adequação da tecnologia de IA a standards legais, éticos ou técnicos, podendo ser facultativo ou obrigatório, ter como objeto indivíduos, empresas, organizações ou sistemas de IA individualizados, possuindo como marcas vantagens peculiares a redução da assimetria informacional e o estímulo a melhores práticas (Cihon et al, 2021, pp.6,7,8,9,12).

O exercício da atividade de Corregulação de Governança de IA pelo Poder Público, seja por meio de agências estatais especializadas ou de entidades privadas delegadas, apresenta diversas vantagens em relação à modalidade hard law, tais como flexibilidade, especialização e expertise, autonomia, ação de controle ex ante (Scherer, 2015, pp.30-36), características que permitem, em tese, uma melhor resposta aos desafios e complexidades próprias deste tipo de tecnologia (Kaminski, 2022, p.21).

Cabe destacar que, a par da atuação estatal e dos grandes atores privados no processo de Corregulação de Governança de IA ou em qualquer outro modelo, há movimento crescente no sentido de se aumentar o grau de participação do indivíduo, da sociedade civil e da própria academia no fluxo de elaboração e de implementação da Governança de IA (Gianni et al, 2022, pp.2-3), o que resultaria em um processo mais democrático que expresse os valores, desejos e desafios de todos os setores envolvidos. Não se pode falar em uma Governança de IA plural que não leve em consideração as opiniões e as perspectivas daqueles diretamente afetados pela tecnologia (Cantarini, 2024, p.6), como é o caso, por exemplo, dos usuários finais dos sistemas de IA, dos grupos sociais prejudicados pelo desemprego tecnológico advindo da proliferação da tecnologia, e das startups, pequenas e médias empresas afetadas pela concorrência em âmbito global.

A não inclusão de abordagens externas aos ambientes geralmente impermeáveis e homogêneos de desenvolvimento da tecnologia da IA tem o potencial de reduzir, em muito, o grau de aderência das regras de um programa de Governança de IA, independentemente do modelo regulatório escolhido, resultando em uma legislação de baixa efetividade e reduzidos impactos político, cultural, econômico e social. Portanto, qualquer agenda pública ou privada para a Governança de IA deve ser elaborada, em certa medida, a partir do Inclusive Design, conceito utilizado no desenvolvimento de produtos digitais acessíveis (Hassel, 2024, p.615), ao levar em consideração, desde sua modelagem, as necessidades, as dores e as aspirações do maior número possível de stakeholders para criar corpo regulatório utilizável pelas formas de pluralidade existentes na sociedade moderna.

POSSIBILIDADES A PARTIR DOS MODELOS APRESENTADOS

Os recentes avanços dos sistemas de IA que utilizam técnicas de Machine Learning e Deep Learning, bastante difundidos ao redor do globo e, mais recentemente, em território brasileiro, já demonstraram, de maneira inequívoca para muitos especialistas no tema, que a tecnologia algorítmica possui o potencial único, poucas vezes observado ao longo da história, de proporcionar, em escala, ganhos econômicos, culturais, científicos, educacionais e ambientais, para citar alguns, e, ao mesmo tempo, de trazer riscos e danos, inadvertidos ou não, de grande impacto à sociedade. Essa natureza dualista da IA exige a criação de regras próprias pensadas, elaboradas e voltadas especificamente à gestão desse novo paradigma tecnológico, profundamente marcado pela complexidade técnica, pela imprevisibilidade dos resultados e pela constante evolução, o que demandará uma nova abordagem que leve em consideração os conhecimentos e as experiências daqueles que, direta ou indiretamente, fazem parte do dia a dia do Ecossistema de Governança de IA.

Assim, o tema da Governança de IA vem ganhando relevância no cenário global em razão da centralidade evidente da tecnologia nos mais diversos aspectos da realidade humana. Destaca-se, por conta disto, a discussão sobre como o ente estatal, como representante da vontade democrática, em colaboração com todo o ecossistema de IA, pode endereçar adequadamente a questão, a fim de corretamente mitigar e reduzir riscos e ao mesmo tempo extrair todos os potenciais benefícios desse avanço tecnológico. Da análise de todos os modelos propostos para a regulação da Governança de IA, vê-se que, com seus pontos de força e de fraqueza, cada um apresenta abordagens e respostas próprias que devem ser analisadas à luz do contexto político-jurídico de cada nação ou bloco de nações, aplicando-se os devidos trade off, destacando-se que, em qualquer cenário, para além das preocupações meramente regulatórias, faz-se necessário o debate sobre os fundamentos éticos essenciais para guiar os atores do ecossistema de IA na busca por uma tecnologia benéfica, humana e justa.

REFERÊNCIAS BIBLIOGRÁFICAS

Anderljung, M.; Barnhart, J.; Korinek, A.; Leung, J.; O'Keefe, C.; Whittlestone, J.; Shahar, A.; Brundage, M.; Bullock, J.; Cass-Beggs, D.; Chang,

B.; Collins, T.; Fist, T.; Hadfield, G.; Hayes, A.; Ho, L.; Hooker, S.; Horvitz, E.; Kolt, N. ... (2023). Frontier AI Regulation: managing emerging risks to public safey. Acesso em 17 de junho de 2025, https://arxiv.org/abs/2307.03718

Brasil (2019). Lei n. º13.848, de 25 de junho de 2019. Dispõe sobre a gestão, a organização, o processo decisório e o controle social das agências reguladoras, altera a Lei nº 9.427, de 26 de dezembro de 1996, a Lei nº 9.472, de 16 de julho de 1997, a Lei nº 9.478, de 6 de agosto de 1997, a Lei nº 9.782, de 26 de janeiro de 1999, a Lei nº 9.961, de 28 de janeiro de 2000, a Lei nº 9.984, de 17 de julho de 2000, a Lei nº 9.986, de 18 de julho de 2000, a Lei nº 10.233, de 5 de junho de 2001, a Medida Provisória nº 2.228-1, de 6 de setembro de 2001, a Lei nº 11.182, de 27 de setembro de 2005, e a Lei nº 10.180, de 6 de fevereiro de 2001. Acesso em 17 de junho de 2025, https://www.planalto.gov.br/ccivil_03/_ato2019-2022/2019/lei/l13848.htm#:~:text=Disp%C3%B5e%20sobre%20a%20gest%C3%A3o%2C%20a,de%20janeiro%20de%202000%2C%20a

Braun, M.; Hummel, P. (2024). Is digital sovereignty normatively desirable?. Information, Communication & Society, 1-14. Acesso em 17 de junho de 2025, https://www.tandfonline.com/doi/full/10.1080/1369118X.2024.2332624#abstract

Cantarini, P. (2024). Governança de IA e Direitos Fundamentais: uma abordagem democrática, inclusiva e decolonial. Acesso em 17 de junho de 2025, https://understandingai.iea.usp.br/nota-critica/governanca-de-ia-e-direitos-fundamentais-uma-abordagem-democratica-inclusiva-e-decolonial/

Carvalhaes, A. R. S. N. & Mendonça, D. G. (2019). Compliance enquanto procedimento para resolução de conflitos de interesses nas corporações. In. I.P. Nohara & F.D.L.B. Pereira. Governança, Compliance e Cidadania (pp.309-318). Thomson Reuters.

Chan, A.; Salganik, R.; Markelius, A.; Pang, C.; Rajkumar, N.; Krasheninnikov, D.; Langosco, L.; He, Z.; Duan, Y.; Carroll, M.; Lin, M.; Mayhew, A.; Collins, K.; Molamohammadi, M.; Burden, J.; Zhao, W.; Rismani, S.; Voudouris, K.; Bhatt, U. ... (2023). Harms from Increasingly Agentic Algorithmic Systems. In 2023 ACM Conference on Fairness, Accountability, and Transparency (FAccT '23),

June 12–15, 2023, Chicago, IL, USA. ACM, New York, NY, USA. Acesso em 17 de junho de 2025, https://dl.acm.org/doi/10.1145/3593013.3594033

Cihon, P.; Kleinaltenkamp, M. j.; Schuett, J. & Baum, S. (2021). AI Certification: Advancing Ethical Practice by Reducing Information Asymmetries. IEEE Transactions on Technology and Society, LawAI Working Paper n.º. 5-2021. Acesso em 16 de junho de 2025, https://papers.ssrn.com/sol3/papers.cfm?abstract_id=3941300

Clarke, R. (2019). Regulatory alternatives for AI. Computer Law & Security Review, 35(4), 398-409. Acesso em 16 de junho de 2025, http://www.rogerclarke.com/EC/AIR-Final.pdf

Coeckbergh, M. (2024). Artificial intelligence, the common good, and the democratic deficit in AI governance. AI and Ethics. Acesso em 17 de junho de 2025, https://link.springer.com/article/10.1007/s43681-024-00492-9

Da Silva, A. P. & Feferbaum, M. (2023). Crônica de um problema anunciado: a falácia do excepcionalismo e a necessidade de governança tecnológica. In. M. Feferbaum, A.P. da Silva, A.Z. Coelho & A.C.R.D. Silveira. Ética, Governança e Inteligência Artificial (pp.19-36). Almedina.

Dafoe, A. (2018). AI Governance: A Research Agenda. Centre for the Governance of AI. Future of Humanity Institute. v1.0, University of Oxford. Acesso em 16 de junho de 2025, https://www.governance.ai/research-paper/agenda

Danaher, J. (2016). The Threat of Algocracy: Reality, Resistance and Accommodation. Philosophy and Technology, 29(3), 245–26. Acesso em 16 de junho de 2025, https://philarchive.org/rec/DANTTO-13

De Bruin, R. (2023). Co-regulation and AI-innovation: principles for a sustainable framework fostering innovation and acceptance of AI. Acesso em 17 de junho de 2025, https://papers.ssrn.com/sol3/papers.cfm?abstract_id=4603551

Dos Anjos, L. C. (2023). Explicação como decorrência de uma transparência relacional: um estudo de caso do direito à explicação sob a perspectiva da proteção de dados da União Europeia. In. M. Feferbaum, A.P. da Silva, A.Z. Coelho, A.C.R.D. Silveira. Ética, Governança e Inteligência Artificial (pp.87-108). Almedina.

Erdelyi, O. J. & Goldsmith, J. (2018). Regulating Artificial Intelligence: Proposal for a Global Solution. 2018 AAAI/ACM Conference on AI, Ethics, and Society (AIES '18), February 2-3, 2018, New Orleans, LA, USA. Acesso em 17 de junho de 2025, https://papers.ssrn.com/sol3/papers.cfm?abstract_id=3263992

Estados Unidos da América - EUA. (2025). Executive Order REMOVING BARRIERS TO AMERICAN LEADERSHIP IN ARTIFICIAL INTELLIGENCE Acesso em 16 de junho de 2025, https://www.whitehouse.gov/presidential-actions/2025/01/removing-barriers-to-american-leadership-in-artificial-intelligence/

Floridi, L. (2014). The 4th Revolution: how the infosphere is reshaping human reality. Oxford University Press.

Floridi, L. (2015). The Onlife Manifesto: being human in a hypperconnected era. Springer Open.

Floridi, L. (2018). Soft ethics, the governance of the digital and the General Data Protection Regulation.. Philosofical Transactions of the Royal Society A, Mathematical, Physical and Engineering Sciences. Acesso em 16 de junho de 2025, https://royalsocietypublishing.org/doi/10.1098/rsta.2018.0081

Floridi, L. (2019). Translating Principles into Practices of Digital Ethics: Five Risks of Being Unethical. Philosophy & Technology, 32, 185–193. Acesso em 17 de junho de 2025, https://link.springer.com/article/10.1007/s13347-019-00354-x#citeas

Floridi, L. (2021). The End of an Era: from Self⊠Regulation to Hard Law for the Digital Industry. Philosophy & Technology, 34, 619–622. Acesso em 16 de junho de 2025, https://link.springer.com/article/10.1007/s13347-021-00493-0#citeas

G´Sell, F. (2024). Regulating under Uncertainty: Governance Options for Generative AI. Stanford Cyber Policy Center. Freeman Spogli Institute and Stanford Law School. Acesso em 17 de junho de 2025, https://papers.ssrn.com/sol3/papers.cfm?abstract_id=4918704

Gianni, R.; Lehtinen, S. & Nieminem, M. (2022). Governance of Responsible AI: From Ethical Guidelines to Cooperative Policies. Acesso em 17 de junho de 2025, https://www.frontiersin.org/journals/computer-science/articles/10.3389/fcomp.2022.873437/full

Gritsenko, D. & Wood, M. (2022). Algorithmic governance: A modes of governance approach. Regulation & Governance (2022), 16(1), 45–62. Acesso em 17 de junho de 2025, https://onlinelibrary.wiley.com/doi/10.1111/rego.12367

Guidotii, R.; Monreale, A.; Ruggieri, S.; Turini, F.; Pedreschi, D. & Giannoti, F. (2019). A Survey Of Methods For Explaining Black Box Models. Acesso em 16 de junho de 2025, https://arxiv.org/abs/1802.01933 Acesso em 16/06/2025,

Hassel, J. (2019). Inclusive Design for Products: including your missing 20% by embedding web and mobile accessibility (livro eletrônico). Rethink Press.

Hwang, Y.; Lee, J. H. & Shin, D. (2023). What is prompt literacy? An exploratory study of language learners' development of new literacy skill using generative AI. Acesso em 17 de junho de 2025, https://arxiv.org/abs/2311.05373

Introna, L. (2016). Algorithms, Governance, and Governmentality: On Governing Academic Writing. Science, Technology, & Human Values, 41(1), 17-49. Acesso em 17 de junho de 2025, https://eprints.lancs.ac.uk/id/eprint/76458/4/17.full.pdf

Kaminski, M. E. (2022). Regulating the Risks of AI. Boston University Law Review, 103:1347, 2023; U of Colorado Law Legal Studies Research Paper, 22-21. Acesso em 17 de junho de 2025, https://papers.ssrn.com/sol3/papers.cfm?abstract_id=4195066

Lacerda, B. T. Z. (2021). A Função do Direito frente à Inteligência Artificial. In. M.M. Barbosa; F. Braga Netto; M.C. Silva & J.L.D.M Faleiros Júnior; Direito Digital e Inteligência Artificial: diálogos entre Brasil e Europa. (pp.81-93). Editora Foco.

Latini, L. M. D. & Fachinetti, A. F. (2023). Caminhos para a Regulação da Inteligência Artificial no Brasil. In. M. Feferbaum, A.P. Da Silva, A.Z. Coelho & A.C.R.D. Silveira. Ética, Governança e Inteligência Artificial (pp.149-166). Almedina.

Macohin, A. (2023). Inteligência Artificial na administração pública brasileira: uma abordagem transparente e explicável. Lumen Juris.

Marchant, G. E. & Gutierrez, C. I. (2023). Soft Law 2.0: An Agile and Effective Governance Approach for Artificial Intelligence. The Minnesota Journal of Law, Science & Technology, 24(2), 375-424. Arizona State University Sandra Day O'Connor College of Law Legal Studies Research Paper nº. 4473812. Acesso em 17 de junho de 2025, https://papers.ssrn.com/sol3/papers.cfm?abstract_id=4473812

Maslej, N.; Fattorini, L.; Perrault, R.; Gil, Y.; Parli, V.; Kariuki, N.; Capstick, E.; Reul, A.; Brynjolfsson, E.; Etchemendy, J.; Ligett, K.; Lyons, T.; Manyika, J.; Niebles, J. C.; Shoham, Y.; Wald, R., Walsh, T.i; Hamrah, A.; Santarlasci, L.; Lotufo, J. B.; Rome, A.; Shi, A. & Oak, S. (2025). The AI Index 2025 Annual Report. AI Index Steering Committee, Institute for Human-Centered AI, Stanford University, Stanford, CA, April 2025. Acesso em 17 de junho de 2025, https://aiindex.stanford.edu/report/

Pasquale, F. (2015). The Black Box Society: the secret algorithms that control money and information. Harvard University Press.

Pinheiro, P. P. (2021). Direito Digital. 7ª ed. Saraiva Educação.

Pötzsch, H. & Pereira, G. (2022). Reimagining Algorithmic Governance: Cultural expressions and the negotiation of social imaginaries. NordiCHI '22: Nordic Human-Computer Interaction Conference October 2022. Acesso em 17 de junho de 2025, https://dl.acm.org/doi/10.1145/3546155.3547298

Russel, S. & Norvig, P. (2022). Inteligência Artificial: uma abordagem moderna/Stuart J.Russell, Peter Norvig; tradução Daniel Vieira; Flávio Soares Corrêa da Silva – 4 ed. Grupo Editorial.

Saavedra, G. A. (org.). (2020). Governança Corporativa, Compliance e Gestão de Riscos. Coleção Canal Compliance. Escola Superior de Ética, Negócios e Inovação – ESENI Editora.

Sastry, G.; Heim, L.; Belfield, H.; Anderljung, M.; Brundage, M.; Hazell, J.; O'Keefe, C.; Hadfield, G. K..; Ngo, R.; Pilz, K.; Gor, G.; Bluemke, E.; Shoker, S.; Egan, J.; Trager, R. F.; Avin, S.; Weller, A.; Bengio, Y. & Coyle, D. (2024). Computing Power and the Governance of Artificial Intelligence. Acesso em 17 de junho de 2025, https://arxiv.org/abs/2402.08797

Saurwein, F.; Just, N. & Latzer, M. (2015). Governance of algorithms: options and limitations, 17(6), 35-49. Acesso em 17 de junho de 2025, https://mediachange.ch/media/pdf/publications/GovernanceOfAlgorithms_.pdf

Senado Federal (2023). Projeto de Lei n.º2338/2023. Dispõe sobre o uso da Inteligência Artificial. Acesso em 17 de junho de 2025, https://www25.senado.leg.br/web/atividade/materias/-/materia/157233

Silveira, A. D. M. (2020). Governança Corporativo: o essencial para líderes (livro eletrônico). 2ª ed., Virtuous Company.

Srivastava, S. (2023). Algorithmic Governance and the International Politics of Big Tech. Perspectives on Politics, 21(3), 989-1000. Acesso em 17 de junho de 2025, https://www.cambridge.org/core/journals/perspectives-on-politics/article/algorithmic-governance-and-the-international-politics-of-big-tech/3C04908735A5F2EE8A70AFED647741FB

Taeihagh, A. (2021). Governance of artificial Intelligence. Policy and Society, 40(2), 137-157. Acesso em 17 de junho de 2025, https://papers.ssrn.com/sol3/papers.cfm?abstract_id=3931469

Tasioulas, J. (2019). First Steps Towards an Ethics of Robots and Artificial Intelligence. Journal of Practical Ethics, 7(1), King's College London Law

School Research Paper Forthcoming. Acesso em 17 de junho de 2025, https://papers.ssrn.com/sol3/papers.cfm?abstract_id=3413639

Teixeira, T. & Cheliga, V. (2021). Inteligência Artificial: aspectos jurídicos. Editora JusPodivm.

União Europeia (2021). Artificial Intelligence Act. Acesso em 17 de junho de 2025, https://eur-lex.europa.eu/eli/reg/2024/1689/oj

Van Maanen, G. (2022). AI Ethics, Ethics Washing, and the Need to Politicize Data Ethics. Digital Society, 1(9). Acesso em 17 de junho de 2025, https://link.springer.com/article/10.1007/s44206-022-00013-3#citeas

Webb, A. (2020). Os nove Titãs da IA: como os gigantes da tecnologia e suas máquinas pensantes podem subverter a humanidade. Traduzido por Cibelle Ravaglia. Alta Books.

Yeung, K. (2017). Algorithmic Regulation: A Critical Interrogation. May 23, 2017). TLI Think! Paper 62/2017, Regulation & Governance, Forthcoming, King's College London Law School Research Paper No. 2017-27. Acesso em 17 de junho de 2025, https://papers.ssrn.com/sol3/papers.cfm?abstract_id=2972505

O PROJETO DE LEI 2.338/2023, A LEI GERAL DE PROTEÇÃO DE DADOS E O DIREITO À REVISÃO DAS DECISÕES AUTOMATIZADAS POR INTELIGÊNCIA ARTIFICIAL

Autora: Heloisa Rodrigues da Rocha

O presente capítulo trata sobre o direito à revisão das decisões automatizadas baseadas em inteligência artificial (IA) com base tanto nos dispositivos do projeto de lei nº 2338/2023, quanto no regramento da Lei Geral de Proteção de Dados (LGPD). Justifica-se a escolha do tema pelo fato de que o uso da IA tem crescido cada vez mais na sociedade, porém, existem efeitos deletérios que podem resultar na violação de direitos fundamentais das pessoas sujeitas a essas decisões.

Nesse contexto, surge o direito à revisão dessas decisões baseadas em IA, que está atualmente positivado na LGPD, mas também é objeto de outros dispositivos propostos no âmbito do PL 2338/2023. Assim, é pertinente comparar as normas atuais com as normas propostas, de modo a averiguar se, com a futura lei, haverá uma maior, igual ou menor proteção dos direitos das pessoas no que tange à revisão das decisões baseadas em IA.

A metodologia adotada consiste em pesquisa bibliográfica em livros, artigos e notícias que abordam esses temas, bem como na avaliação de impacto legislativo do PL 2338/2023 exclusivamente com respeito ao direito à revisão, já que o projeto de lei também trata de outros aspectos ligados à IA.

O tópico 2 aborda a criação desse direito em face dos possíveis malefícios advindos do uso da IA. O tópico 3 sintetiza esse direito no contexto da LGPD. Por sua vez, o tópico 4 abarca uma breve visão geral sobre o PL 2338/2023 e a análise mais pormenorizada do direito à revisão nesse projeto de lei.

A CRIAÇÃO DO DIREITO À REVISÃO DAS DECISÕES AUTOMATIZADAS POR INTELIGÊNCIA ARTIFICIAL

A inteligência artificial (IA) é um tema de estudos para a Ciência da Computação desde a década de 1940. Todavia, na última década, houve um avanço exponencial dessa área, devido à maior disponibilização de informações acessíveis, o chamado Big Data, bem como aos menores custos e maiores poderes de processamento dos computadores (Russel &, Norvig, 2010).

Nesse contexto, as aplicações baseadas em IA têm sido cada vez mais utilizadas nas mais diversas atividades econômicas, impactando a vida de milhões de pessoas diariamente. Em que pese os benefícios trazidos pelo uso da IA, pesquisadores e especialistas têm apontado a existência de riscos e efeitos maléficos advindos das ferramentas de IA (Fergunson, 2017; Eubanks, 2018; Rocha, 2020; Acemoglu, 2021; Ryan-Mosley, 2023; Rocha, 2025).

Isso porque os algoritmos baseados em IA mais populares atualmente são desenvolvidos por intermédio do aprendizado de máquina e por redes neurais, que são modelos de alta complexidade matemática e computacional. Logo, mesmo os próprios desenvolvedores não são capazes de compreender integralmente o funcionamento desses algoritmos nem capazes de explicar quais parâmetros são responsáveis por gerar um dado resultado (O'neil, 2016; Frazão, 2017; Eubanks, 2018; Lage, 2021).

Ademais, tais técnicas necessitam de que grandes quantidades de dados sejam empregues no treinamento. Contudo, muitas vezes tendências discriminatórias existentes nesses dados acabam sendo replicadas e ampliadas pelos algoritmos, de modo que as ferramentas de IA terminam por causar resultados discriminatórios e violadores de direitos fundamentais (Noble, 2018; Medon, 2020; Silva, 2022).

Adicionalmente, esses treinamentos exigem elevado poder computacional, que acaba resultando em impactos ambientais consideráveis. Inclusive, esse aspecto relativo aos danos ao meio ambiente causados pelo treinamento da IA ainda é um tema pouco estudado e pouco divulgado (Heikkilä, 2022).

Por sua vez, as empresas que desenvolvem essas ferramentas nem sempre adotam medidas efetivas para mitigar e eliminar esses riscos, mesmo após serem alertadas por especialistas e até funcionários internos (O'neil, 2016; Heaven, 2020), como ocorreu com a pesquisadora que liderava estudos internos sobre questões éticas no desenvolvimento da IA em uma das maiores empresas do mundo e acabou sendo demitida por isso (Hao, 2020). Nesse contexto, tem crescido a discussão internacional sobre a necessidade de que haja algum tipo de regulamentação sobre o uso da IA, não sendo suficiente a autorregulação ou o mero fomento a boas-práticas do setor (Doneda et al, 2018; Pasquale, 2020; Partnership On AI, 2021).

No âmbito da União Europeia, houve uma opção por uma regulação estatal por intermédio de atos legislativos (União Europeia, 2016; Comissão Europeia, 2021). Paralelamente, a doutrina também se debatia sobre qual seria a melhor forma de regular a IA: dentro das normas de proteção de dados, que eram uma área em franco fortalecimento, ou como ramo autônomo do Direito, com leis específicas abordando a IA (Doneda, Mendes, Souza, Andrade, 2018; Câmara dos Deputados, 2020a, p. 9).

Na Europa, em 2016, foi aprovado o Regulamento Geral de Proteção de Dados (GDPR na sigla em inglês), contendo diversos dispositivos visando resguardar os direitos dos titulares de dados (União Europeia, 2016).

Dentre esses artigos, há o art. 22 do GDPR, que trata sobre a revisão das decisões automatizadas, baseadas ou não em IA, desde que afetem direitos individuais (União Europeia, 2016):

> Article 22
>
> Automated individual decision-making, including profiling
>
> 1. The data subject shall have the right not to be subject to a decision based solely on automated processing, including profiling, which produces legal effects concerning him or her or similarly significantly affects him or her.
>
> 2. Paragraph 1 shall not apply if the decision:
>
> (a) is necessary for entering into, or performance of, a contract between the data subject and a data controller;
>
> (b) is authorised by Union or Member State law to which the controller is subject and which also lays down suitable measures to safeguard the data subject's rights and freedoms and legitimate interests; or
>
> (c) is based on the data subject's explicit consent.
>
> 3. In the cases referred to in points (a) and (c) of paragraph 2, the data controller shall implement suitable measures to safeguard the data subject's rights and freedoms and legitimate interests, at least the right to obtain human intervention on the part of the controller, to express his or her point of view and to contest the decision.
>
> 4. Decisions referred to in paragraph 2 shall not be based on special categories of personal data referred to in Article 9(1), unless point

> (a) or (g) of Article 9(2) applies and suitable measures to safeguard the data subject's rights and freedoms and legitimate interests are in place.

A partir desse texto, especialistas europeus e americanos passaram a debater se esse artigo havia criado dois direitos autônomos, ainda que interligados: o direito à explicação das decisões automatizadas e o direito à revisão das decisões automatizadas (Casey et al, 2019).

Com o passar do tempo, em face da edição de outros atos normativos regulamentando o GDPR e das primeiras decisões judiciais proferidas por Tribunais europeus com base nesse dispositivo, realmente foi ficando mais cristalino que tais direitos foram criados e que abrangiam decisões baseadas em IA (Casey et al, 2019; Pasquale, 2020). Todavia, o art. 22 da GDPR impõe alguns requisitos para que sejam exercidos tais direitos, o que significa que ele não abarca todas as hipóteses de decisões baseadas na IA. Inclusive, já há decisões europeias em que a aplicação do art. 22 foi afastada sob a justificativa de que não atendia a todos os requisitos exigidos pela norma (GDPRHUB, 2021).

Além disso, especialistas já têm apontado que o dispositivo do GDPR é insuficiente para solucionar todos os problemas que podem advir do uso de IA em decisões que violem direitos humanos. Tais observações reforçaram a necessidade da edição de leis especificas para a IA, o que vem sendo construído no âmbito da União Europeia, sobretudo por intermédio da EU AI Act (Comissão Europeia, 2021; Smuha, 2021).

O DIREITO À REVISÃO POSITIVADO NO ART. 20 DA LEI GERAL DE PROTEÇÃO DE DADOS

No Brasil, o GDPR influenciou a discussão sobre uma legislação para proteção de dados. Em 2016, foi aprovada a Lei Geral de Proteção de Dados (LGPD), Lei nº 13.709/2018, sendo que diversos artigos da LGPD foram inspirados em artigos no GDPR.

Um desses casos ocorreu com o art. 22 do GDPR, que foi espelhado no art. 20 da LGPD, em que pesem existirem algumas diferenças:

> Art. 20. O titular dos dados tem direito a solicitar a revisão de decisões tomadas unicamente com base em tratamento automatizado de dados pessoais que afetem seus interesses, incluídas as decisões destinadas a definir o seu perfil pessoal, profissional, de consumo e de crédito ou os aspectos de sua personalidade. (Redação dada pela Lei nº 13.853, de 2019)
>
> § 1º O controlador deverá fornecer, sempre que solicitadas, informações claras e adequadas a respeito dos critérios e dos procedimentos utilizados para a decisão automatizada, observados os segredos comercial e industrial.
>
> § 2º Em caso de não oferecimento de informações de que trata o § 1º deste artigo baseado na observância de segredo comercial e industrial, a autoridade nacional poderá realizar auditoria para verificação de aspectos discriminatórios em tratamento automatizado de dados pessoais.

O dispositivo brasileiro dispõe expressamente sobre o direito à revisão e o direito à explicação, ao contrário da norma europeia, que traz um direito à explicação implícito. Ademais, a lei brasileira já prevê a competência da Autoridade Nacional de Proteção de Dados para realizar auditorias nos algoritmos das empresas, caso haja descumprimento ao direito à explicação. Enquanto isso, o art. 22 do GDPR não aborda esse aspecto expressamente.

Impende registrar que alguns autores sustentam que o direito à revisão das decisões automatizadas no Brasil teria surgido com a Lei do Cadastro Positivo, Lei nº 12.414/2011, sete anos antes da LGPD, pois tal diploma assegurava alguns direitos aos titulares de dados incluídos em cadastros de banco de dados (Bioni & Luciano, 2019). Isto posto, ainda não há muitas análises doutrinárias ou mesmo jurisprudência sobre a aplicação desse art. 20 da LGPD, dado o seu pouco tempo de vigência, uma vez que a LGPD só passou a vigorar em 2020, após uma vacatio legis de dois anos.

No âmbito da ANPD, o art. 20 foi mencionado em alguns de seus documentos, como seu regimento interno, ao atribuir a competência pelo exercício dessas auditorias dos algoritmos à sua Superintendência de Fiscalização (ANPD, 2021), e sua agenda regulatória, ao incluir a regulamentação do art. 20 como uma de suas metas para os próximos anos (ANPD, 2022). Não obstante, não há notícias de que a ANPD já tenha exercido essa atribuição.

No Poder Judiciário, algumas ações judiciais trouxeram como uma de suas fundamentações a suposta violação ao art. 20 da LGPD[12], contudo, na maioria dos casos, a controvérsia jurídica foi solucionada com base em outros

---

1 Tribunal de Justiça do estado de São Paulo (TJSP). 1ª Vara do Juizado Especial Civil do Estado de São Paulo. Sentença. Processo nº 1012430-51.2020.8.26.0006. Juiz de Direito Anderson Antonucci, julgado em 24 fev 2021. DJE 26 fev 2021. Pág. 3251. A controvérsia era a decisão automatizada no bloqueio do videogame Playstation 5, porém a sentença baseou-se em violação ao Código de Defesa do Consumidor.

2 Tribunal Regional do Trabalho da 7ª Região (TRT-7). 11ª Vara do Trabalho de Fortaleza. Sentença em reclamação trabalhista. Processo nº 0000591-74.2021.5.07.0011. Juíza Trab Tit. Christianne Fernandes Carvalho Diógenes Ribeiro, julgado em 30 mar. 2022. DEJT 30 mar 2022. Cad. Judiciário do TRT 7ª Região. Pág. 1085. A controvérsia

diplomas legislativos, a exemplo do Código De Defesa do Consumidor (Vinha, 2020) e a Consolidação das Leis do Trabalho (TRT-7, 2022). Nesse cenário, observa-se que, na prática, ainda restam muitos questionamentos sobre como deveria ser exercido esse direito à revisão das decisões automatizadas.

Poderia ser exercido por via administrativa? Nesse caso, precisaria de representação por um advogado ou bastaria o próprio titular do direito notificar extrajudicialmente a empresa? E eventual ação judicial, como fazer prova das alegações? Como estaria distribuído o ônus da prova?

E como ficam as decisões automatizadas que foram fruto de algoritmos e ferramentas desenvolvidas por pessoas físicas? E empresas internacionais sem filial nem representante no Brasil?

Por outro lado, ao se depararem com decisões automatizadas que violam seus direitos fundamentais, os titulares de dados muitas vezes buscam a tutela do Judiciário com base em outras legislações, em vez do art. 20 da LGPD.

Por fim, cabe lembrar que a IA é usada em quase todos os setores atualmente, incluindo a análise de aspectos processuais de recursos nos tribunais brasileiros, implicando em decisões como a automática classificação do recurso de acordo com seu tema. Mas como um advogado ou uma parte que se sente prejudicado com a decisão adotada com base na análise da ferramenta de IA poderia exercer seu direto à revisão dessa decisão? Não há recurso previsto no Código de Processo Civil, nem há regulamentação do Conselho Nacional de Justiça (CNJ) sobre isso.

O principal normativo do CNJ que trata sobre IA direciona ao desenvolvimento e ao uso das IAs pelos Tribunais brasileiros, porém dispõe essencialmente sobre princípios e normas gerais a serem seguidas na relação com os jurisdicionados. Portanto, apesar do direito à revisão das decisões automatizadas ser um direito positivado no ordenamento jurídico brasileiro,

---

era a decisão automatizada no bloqueio de contas de motoristas na plataforma Uber, porém a sentença baseou-se em violação à Consolidação das Leis do Trabalho.

na prática ainda não é direito que pode ser facilmente exercido pelos seus titulares.

OS ARTIGOS DO PROJETO DE LEI 2.338/2023 RELACIONADOS COM O DIREITO À REVISÃO

Mesmo antes da edição da LGPD, havia, no Brasil, a mesma discussão que se apresentou internacionalmente acerca da necessidade, ou não, de uma legislação específica para regulamentar a IA ou se ter uma lei de proteção de dados já seria suficiente (Doneda et al, 2018). Em que pese a existência do art. 20 na LGPD, nos últimos anos, dezenas de projetos de leis foram protocolados nas duas Casas do Legislativo Federal objetivando regular a IA. Nenhum desses projetos abrangia todo o tema; alguns eram mais principiológicos, outros projetos eram focados em apenas alguns aspectos que os autores apontavam como mais urgentes (Câmara dos Deputados, 2020a; Câmara dos Deputados, 2020b).

Em 29 de setembro de 2021, o Projeto de Lei (PL) nº 21/2020, apresentado na Câmara dos Deputados e intitulado de Marco Legal da Inteligência Artificial, foi aprovado por aquela Casa e encaminhado ao Senado Federal (Congresso Nacional, 2021). Esse PL 21/2020 era essencialmente principiológico, traçando diretrizes e princípios gerais para o uso da IA no Brasil ao longo dos seus dez artigos. À época, sua aprovação foi objeto de críticas por não ter havido maior espaço para a participação da sociedade durante sua tramitação (Knoth, 2021).

Por sua vez, no Senado Federal, foi criada comissão de juristas para elaborar um anteprojeto específico, dessa vez com a realização de audiências públicas e diálogo com a sociedade, setores econômicos e especialistas internacionais (Senado Federal, 2022).

O resultado foi apresentado pela Comissão no final de 2022 e foi protocolado pelo Presidente do Senado como o PL 2338/2023 (Senado Federal, 2023).

Panorama geral sobre o PL 2338/2023

O texto inicial do PL tinha 45 artigos, os quais detalhavam diversos aspectos:

a) o art. 1º detalha a ementa da futura lei, destacando "o objetivo de proteger os direitos fundamentais e garantir a implementação de sistemas seguros e confiáveis, em benefício da pessoa humana, do regime democrático e do desenvolvimento científico e tecnológico";

b) o art. 2º traz os fundamentos para o desenvolvimento, a implementação e o uso de sistemas de inteligência artificial no Brasil;

c) o art. 3º lista os princípios que serão aplicáveis, com destaque para o inciso VIII, sobre "devido processo legal, contestabilidade e contraditório";

d) o art. 4º enumera as definições de termos e conceitos a serem usados ao longo da futura lei;

e) os arts. 5º a 12 tratam sobre os direitos às "pessoas afetadas por sistemas de inteligência artificial", com destaque para o art. 5º, inciso III, que aborda o "direito de contestar decisões ou previsões de sistemas de inteligência artificial que produzam efeitos jurídicos ou que impactem de maneira significativa os interesses do afetado", bem como os arts. 9º a 11, que detalham esse direito de revisão;

f) os arts. 13 a 18 estabelecem uma categorização dos riscos no uso da IA;

g) os arts. 19 a 26 disciplinam a governança dos sistemas de IA;

h) os arts. 27 a 29 abordam a responsabilidade civil;

i) o art. 30 trata sobre códigos de boas práticas e de governança;

j) o art. 31 dispõe sobre a comunicação de incidentes graves;

k) os arts. 32 a 43 tratam sobre fiscalização e regulação por parte do Estado, em especial com a existência de uma autoridade reguladora, que pode ser uma autarquia nos moldes das agências reguladoras brasileiras;

l) os arts. 44 e 45 trazem as disposições finais, destacando que "os direitos e princípios expressos nesta Lei não excluem outros previstos no ordenamento jurídico pátrio ou nos tratados internacionais em que a República Federativa do Brasil seja parte", bem como que a vigência da futura lei se iniciará um ano após a sua publicação, para todos os seus artigos.

Assim, observa-se que esse PL é bem mais abrangente e pretende regulamentar mais aspectos relacionados com a IA, além de atribuir competências regulatórias para uma autoridade estatal, de modo que possam ser editadas regulamentações infralegais sobre a IA. Especialmente no que tange ao direito de revisão, que é o tema do presente capítulo, constata-se que é abordado em mais artigos, o que implica em maiores detalhamentos, como será visto no tópico a seguir.

Registre-se que, ao longo de sua tramitação no Senado Federal, esse PL foi objeto de diversas audiências públicas com a sociedade e especialistas, que resultaram em várias modificações no seu texto. Em 10 de dezembro de 2024, o PL 2338/2023 foi aprovado pelo Plenário do Senado e, em seguida, encaminhado para apreciação da Câmara dos Deputados (Senado Federal, 2023).

Cabe pontuar que, de acordo com o trâmite constitucional do processo legislativo brasileiro, a Câmara dos Deputados está tendo a oportunidade de se debruçar sobre a matéria, com a realização de audiências públicas, e de proceder com eventuais alterações.

Se não houver modificações, o PL seguirá diretamente para a sanção ou veto da Presidência da República. Por outro lado, no cenário mais provável de serem feitas alterações, o Senado terá que se manifestar sobre essas modificações advindas da Câmara e, em seguida, encaminhará o PL para a fase de sanção ou veto.

Deste modo, há ainda um longo caminho de tramitação legislativa para que esse PL, ou qualquer outro que venha a substituí-lo, seja aprovado definitivamente e que o Brasil tenha uma lei regulando a IA.

Não obstante, considerando que o PL 2338/2023 foi fruto de uma comissão de juristas e que foi elaborado com maior diálogo com a sociedade, é razoável esperar que o texto de seus artigos influencie substancialmente as discussões legislativas sobre a IA no Parlamento brasileiro, ainda que ele não acabe sendo efetivamente aprovado nos mesmos termos em que foi apresentado.

Por isso, no tópico a seguir, passa-se a analisar os dispositivos desse PL que abordam o direito à revisão das decisões baseadas na IA.

O NOVO DIREITO À REVISÃO NA VERSÃO DO PL 2338/2023 APROVADA PELO SENADO FEDERAL

Seja pelo restrito campo de incidência do direito à revisão previsto na LGPD, seja pela importância de reunir os principais dispositivos sobre IA na mesma lei, o PL 2338/2023 almeja positivar novamente o direito à revisão das decisões baseadas em IA.

Contudo, dessa vez, há maiores detalhamentos acerca dos aspectos que circundam esse direito, de modo a assegurar um grau maior de efetividade e concretude.

O art. 6º da versão do PL 2338/2023 aprovada pelo Senado assim dispõe:

> Art. 6º A pessoa ou grupo afetado por sistema de IA de alto risco tem os seguintes direitos:
>
> I – direito à explicação sobre a decisão, a recomendação ou a previsão feitas pelo sistema;
>
> II – direito de contestar e de solicitar a revisão de decisões, recomendações ou previsões de sistema de IA;

> III – direito à revisão humana das decisões, levando-se em conta o contexto, o risco e o estado da arte do desenvolvimento tecnológico.
>
> § 1º A explicação referida no inciso I do caput deste artigo, respeitado o segredo comercial e industrial, incluirá informações suficientes, adequadas e inteligíveis, nos termos de regulamento.
>
> § 2º Os direitos previstos nesta Seção serão implementados considerando o estado da arte do desenvolvimento tecnológico, devendo o agente do sistema de IA de alto risco sempre implementar medidas eficazes e proporcionais.

Nota-se que o direito à revisão está expressamente previsto nos incisos II e III do referido artigo, porém, agora abrange as recomendações e as previsões, e não meramente as decisões. Também a ampliação da incidência para todos os casos em que produzam efeitos jurídicos, e não apenas quando haja impacto significativo dos interesses do afetado. Outrossim, o direito à explicação existente na LGPD foi ampliado no direito à explicação posterior da decisão, da recomendação ou da previsão tomada por sistemas de inteligência artificial. Novamente, destaca-se a ampliação do campo de incidência desse direito.

De volta ao direito de revisão, o art. 6º do PL 2338/2023 desdobra o direito originalmente previsto na LGPD para o novo aspecto da revisão humana em decisões baseadas em IA, o que havia sido vetado na época da LGPD. Outra alteração salutar trazida pelo PL 2338/2023 é o art. 7º, que disciplina os procedimentos para exercer tais direitos de modo extrajudicial. Isso busca reparar a lacuna deixada pelo art. 20 da LGPD, já que, na ausência de dever legal, as plataformas não eram compelidas a informar tal procedimento e os usuários, muitas vezes, somente podiam recorrer ao Poder Judiciário.

Não obstante, a lei não aborda nenhum outro aspecto quanto ao regramento para as ações judiciais, como a distribuição do ônus da prova, no que teria sido muito bem vindo em face das dificuldades já abordadas no tópico 3 do presente capítulo, especialmente no uso de IA no âmbito dos Tribunais brasileiros. Isto posto, cabe ressaltar que o PL 2338/2023 já traz valiosas modificações do ordenamento jurídico nos seus arts. 6º e 7º, assegurando maior proteção das pessoas em face do uso de IA.

Cabe assinalar que o PL 2338/2023 reforça, em todas as citações ao direito à revisão, que sua abrangência não se limita mais apenas a decisões, mas agora também abarca recomendações e previsões geradas com IA. Além disso, o art. 5º, inciso III, do PL 2338/2023 traz expressamente o direito à correção de vieses discriminatórios ilegais ou abusivos, sejam eles diretos ou indiretos utilizados por sistemas de inteligência artificial, o que representa sensível avanço.

Sob a égide da LGPD, somente surge o direito à revisão após alguma decisão ser proferida e afetar os interesses do titular do direito. Porém, com o PL, há um direito correlato, embora possa ser antecedente: o direito de exigir a correção dos dados que vêm sendo usados pela IA, permitindo, inclusive, que futuras decisões sejam proferidas pela IA já eivadas de erros e incorreções. Nota-se que esse ponto visa efetivamente corrigir uma das hipóteses mais comuns que pode gerar decisões incorretas e injustas, e, portanto, ensejadoras do direito à revisão.

Percebe-se que, mesmo ao adotar uma legislação específica para regular a IA, o PL 2338/2023 não se afasta totalmente da órbita dos direitos e dos deveres advindos da LGPD, criando uma importante simbiose entre as duas áreas, procurando não deixar lacunas que possam possibilitar significativas violações dos direitos fundamentais das pessoas. Sobre a revisão humana, ainda cabe apontar que o PL 2338/2023 retoma algo que já havia sido inserido expressamente no art. 20 da LGPD por duas vezes, mas que fora alterado pelo Congresso Nacional, no primeiro caso, e vetado pela Presidência da República, no segundo: o direito à intervenção humana na revisão das decisões baseadas em IA.

Cabe fazer breve digressão para explicar o histórico desse veto. Inicialmente, o texto original do art. 20 da LGPD trazia expressa menção ao termo "por pessoa natural", do mesmo modo que o direito europeu positivou o direito a ter decisões automatizadas revisadas por pessoas humanas (Rocha, 2021).

Contudo, no mesmo ano, foi editada a Medida Provisória (MP) nº 869/2018, que alterava o art. 20, caput, da LGPD, para excluir essa revisão humana. Na versão final do texto do projeto de lei de conversão da MP, foi mantida essa retirada da expressão do caput do referido artigo, porém também foi incluído um § 3º nesse mesmo dispositivo, de forma que o direito à revisão humana voltaria a estar positivado no ordenamento jurídico brasileiro (Rocha, 2021).

Esse projeto de lei de conversão da MP foi submetido à análise para veto ou sanção por parte da Presidência da República (Rocha, 2021):

> (...) A Presidência da República vetou esse dispositivo, atendendo às sugestões dos Ministérios da Economia, da Ciência, Tecnologia, Inovações e Comunicações, da Controladoria-Geral da União e do Banco Central do Brasil, sob a justificativa de que a revisão humana de toda decisão automatizada "contraria o interesse público, tendo em vista que tal exigência inviabilizará os modelos atuais de planos de negócios de muitas empresas, notadamente das startups, bem como impacta na análise de risco de crédito e de novos modelos de negócios de instituições financeiras" (BRASIL, 2019).

Por um lado, constata-se que as razões do veto estão fundamentadas em aspectos econômicos, ressoando preocupações que já foram levantadas no exterior, por ocasião da discussão dos limites do art. 22 da GDPR, no sentido de que a ampliação dos direitos no contexto da proteção de dados poderia ter impactos negativos, sobretudo no contexto da economia baseada em dados e do uso disseminado de big data em todos os setores da economia mundial (BAYAMLIOG LU, 2018). Por outro lado, houve críticas a esse veto e uma campanha na sociedade para a sua derrubada pelo Congresso Nacional, reforçando a visão de quem entende que a positivação desse direito no âmbito da legislação de proteção de dados apresenta um viés de se preocupar mais com os direitos das empresas do que com os direitos fundamentais das pessoas (COALIZÃO DIREITOS NA REDE, 2019). De todo modo, o veto foi mantido pelos parlamentares (CONGRESSO NACIONAL, 2020), prevalecendo a ausência de previsão legal no Brasil de obrigatoriedade de revisão, por um ser humano, de todas as decisões automatizadas. (sem grifos no original)

Não obstante, prevalece o entendimento de que revisão humana de decisões automatizadas não é algo proibido pela legislação brasileira, logo, poderia ser aplicado em casos específicos se a regulamentação da ANPD assim determinasse (Rocha, 2021). Assim, verifica-se que o PL 2338/2023 trata da terceira tentativa de positivar, de forma definitiva, a revisão por pessoas humanas de decisões automatizadas no ordenamento jurídico brasileiro.

Ante o histórico de alterações legislativas sobre esse tema, vislumbra-se que esse dispositivo do PL 2338/2023 certamente será um dos que levarão a maiores debates no âmbito da tramitação do PL pelo Legislativo, além de estar sujeito a ser vetado novamente, a depender de sua redação e da interpretação que lhe for atribuída.

Aqui cabe outro esclarecimento: a atual complexidade dos sistemas de IA é tamanha que, muitas vezes, nem os próprios desenvolvedores são capazes de explicar e entender todas as etapas envolvidas na produção de cada decisão individualmente considerada. Por isso que, internacionalmente, há muitas críticas à revisão humana e sua efetividade. Não obstante, esse direito é assegurado pelo art. 22 da GDPR na União Europeia. Assim, considera-se que os referidos artigos do PL 2338/2023 trazem importantes avanços para o ordenamento jurídico brasileiro, cabendo agora apreciação e manifestação do Parlamento e, posteriormente, da Presidência da República.

SÍNTESE

O direito à revisão das decisões automatizadas baseadas em inteligência artificial foi objeto de estudo no presente capítulo. Esse direito atualmente está previsto no art. 20 da LGPD, mas também é tratado no PL 2338/2023.

O uso da IA tem crescido cada vez mais em todos os setores da economia. Contudo, tal uso também traz riscos e possíveis efeitos deletérios, sobretudo com vieses discriminatórios. Por isso há uma tendência mundial pela regulação da IA, não apenas por autorregulação ou boas práticas, mas sim por intermédio de leis.

Nesse contexto, surge o direito à revisão, que inicialmente foi positivado em atos normativos de proteção de dados. Na Europa, foi inserido no art. 22 do GDPR, enquanto, no Brasil, foi incluído no art. 20 da LGPD. Todavia, com a necessidade de regular outros aspectos da IA, foram protocolados em ambas as Casas Legislativas Federais diversos projetos de lei para tratar exclusivamente sobre IA. Dentre esses, o PL 2338/2023 se destaca porque foi originado de uma comissão de juristas e encontra-se em tramitação na Câmara dos Deputados após ter sido aprovado pelo Senado Federal.

O mencionado projeto de lei tem dezenas de artigos e abarca vários temas. Nos seus arts. 6º e 7º é disciplinado o direito à revisão.

Ao longo do presente capítulo mostrou-se que o PL 2338/2023 tem uma proposta muito mais abrangente para regular o direito à revisão do que o art. 20 da LGPD, ampliando a abrangência do direito à revisão para que agora inclua as recomendações e as previsões, além das decisões.

Vislumbra-se que os dispositivos propostos pelo PL 2338/2023 para o direito à revisão das decisões automatizadas baseadas em IA representam um avanço para a proteção dos direitos fundamentais dos indivíduos.

REFERÊNCIAS BIBLIOGRÁFICAS

Acemoglu, D. (2021). Harms of AI. Acesso em 12 de janeiro de 2022, https://economics.mit.edu/faculty/acemoglu/paper

Agência Nacional de Proteção de Dados (ANPD). (2021). Regimento Interno. 2021. Acesso em 24 de setembro de 2022, https://www.in.gov.br/en/web/dou/-/portaria-n-1-de-8-de-marco-de-2021-307463618

Agência Nacional de Proteção de Dados (ANPD). (2022, nov.). Agenda Regulatória para o biênio 2023-2024. Acesso em 15 de junho de 2022, https://www.in.gov.br/en/web/dou/-/portaria-anpd-n-35-de-4-de-novembro-de-2022-442057885

Bioni, B. R.; Luciano, M. (2019). O princípio da precaução na regulação de inteligência artificial: seriam as leis de proteção de dados o seu portal de entrada? Acesso em 11 de agosto de 2020, https://brunobioni.com.br/wp-content/uploads/2019/09/Bioni-Luciano_O-PRINCI%CC%81PIO-DA-PRECAUC%CC%A7A%CC%83O-PARA-REGULAC%CC%A7A%CC%83O-DE-INTELIGE%CC%82NCIA-ARTIFICIAL-1.pdf

Câmara dos Deputados. (2020a). PL 4120/2020. Inteiro teor. Acesso em 19 de setembro de 2020, https://www.camara.leg.br/proposicoesWeb/prop_mostrarintegra;jsessionid=F24E380761344507F207AB07A3F562F4.proposicoesWebExterno1?codteor=1921007&filename=PL+4120/2020

Câmara dos Deputados. (2020b). Projeto de Lei (PL) 21/2020 – Marco Legal da Inteligência Artificial. Acesso em 19 de novembro de 2021, https://www.camara.leg.br/propostas-legislativas/2236340

Casey, B.; Farhangi, A.; Vogl, R. (2019). Rethinking Explainable Machines: The GDPR's Right to Explanation Debate and the Rise of Algorithmic Audits in Enterprise. Berkeley Technology Law Journal, 34(1), 143-188.

Comissão Europeia. (2021). Proposal for a REGULATION OF THE EUROPEAN PARLIAMENT AND OF THE COUNCIL LAYING DOWN HARMONISED RULES ON ARTIFICIAL INTELLIGENCE (ARTIFICIAL INTELLIGENCE ACT) AND AMENDING CERTAIN UNION LEGISLATIVE

ACTS. [Proposta para uma Regulação do Parlamento Europeu e do Conselho estabelecendo normas harmonizadas sobre Inteligência Artificial (Lei de Inteligência Artificial) e consolidando alguns atos legislativos da União Europeia]. EUR-Lex. Acesso em 02 de janeiro de 2023, https://eur-lex.europa.eu/legal-content/EN/TXT/?uri=CELEX%3A52021PC0206

Congresso Nacional. (2020). Projeto de Lei (PL) 21/2020 – Marco Legal da Inteligência Artificial. Acesso em 04 de dezembro de 2021, https://www.congressonacional.leg.br/materias/materias-bicamerais/-/ver/pl-21-2020

Doneda, D. C. M.; Mendes, L. S.; Souza, C. A. P.; Andrade, N. N. M. B. G. (2018). Considerações iniciais sobre inteligência artificial, ética e autonomia pessoal. Pensar - Revista de Ciências Jurídicas, 23(4), 1-17.

Eubanks, V. (2018). Automating Inequality: How High-Tech Tools Profile, Police, and Punish the Poor. Nova Iorque: St. Martins's Press, Edição Digital.

Ferguson, A. G. (2017). The rise of big data policing: surveillance, race, and the future of law enforcement. Nova Iorque: New York University Press. Edição digital.

Frazão, A. (2017, 28 de junho). Dados, estatísticas e algoritmos. Jota. Acesso em 16 de maio de 2018, https://www.jota.info/opiniao-e-analise/colunas/constituicao-empresa-e-mercado/dados-estatisticas-e-algoritmos-28062017

GDPRHUB. (2021, 19 de maio). C/13/692003/HA RK 20-302. Rb. Amsterdam. Acesso em 31 de maio de 2021, https://gdprhub.eu/index.php?title=Rb._Amsterdam_-_C/13/692003/HA_RK_20-302&oldid=16031

Hao, K. (2020, 4 de dezembro). We read the paper that forced Timnit Gebru out of Google. Here's what it says. MIT Technology Review. Acesso em 15 de junho de 2023, https://www.technologyreview.com/2020/12/04/1013294/google-ai-ethics-research-paper-forced-out-timnit-gebru/

Heaven, W. D. (2020, 23 de outubro). How to make a chatbot that isn't racist or sexist. MIT Technology Review. Acesso em 11 de março de 2023, https://www.technologyreview.com/2020/10/23/1011116/chatbot-gpt3-openai-facebook-google-safety-fix-racist-sexist-language-ai/

Heikkilä, M. (2022, 14 de novembro). We're getting a better idea of AI's true carbon footprint. MIT Technology Review. Acesso em 11 de março de

2023, https://www.technologyreview.com/2022/11/14/1063192/were-getting-a-better-idea-of-ais-true-carbon-footprint/

Knoth, P. (2021, 30 de setembro). Aprovação do Marco da Inteligência Artificial é criticada por especialistas. Tecnoblog. Acesso em 19 de novembro de 2021, https://tecnoblog.net/noticias/2021/09/30/aprovacao-do-marco-da-inteligencia-artificial-e-criticada-por-especialistas/

Lage, F, de C. (2021). Manual de inteligência artificial no direito brasileiro. Salvador: Juspodivm.

Medon, F. (2020). Inteligência Artificial e Responsabilidade Civil: autonomia, riscos e solidariedade. Salvador: JusPodivm.

Noble, S. U. (2018). Algorithms of oppression: how search engines reinforce racism. Nova Iorque: New York University Press.

O'Neil, C. (2016). Weapons of math destruction: how big data increases inequality and threatens democracy. Nova Iorque: Crown Publishers. Edição digital.

Pasquale, F. (2020). New laws of robotics: defending human expertise in the age of AI. Cambridge: The Belknap Press of Harvard University Press. Edição Digital.

Partnership On AI. Sítio oficial da organização. Acesso em 20 de março de 2021, https://www.partnershiponai.org/.

Rocha, H. R. (2020, Agosto). In dubio pro... Algoritmo? Lições para o Brasil sobre o uso da inteligência artificial nas decisões penais nos Estados Unidos. Revista Científica do Superior Tribunal de Justiça (STJ). Brasília, 1, 7-28. Acesso em 15 de junho de 2023, https://bdjur.stj.jus.br/jspui/handle/2011/147043

Rocha, H. R. (2021). O direito à revisão de decisões automatizadas baseadas em Inteligência artificial aplicado à proteção do direito à saúde de vieses discriminatórios [Trabalho de Conclusão de Curso de Graduação, Instituto Brasileiro de Ensino, Desenvolvimento e Pesquisa - IDP]. Acesso em 15 de junho de 2023, https://repositorio.idp.edu.br/handle/123456789/3866

Rocha, H. R. (2025). Regulação da inteligência artificial generativa e racismo algorítmico no reconhecimento facial. São Paulo: Dialética.

Russel, S. J.; Norvig, P. (2010). Artificial Intelligence: a modern approach. 3. ed. Upper Saddler River: Pearson Education.

Ryan-Mosley, T. (2023, 10 de março). Meet the AI expert who says we should stop using AI so much. MIT Technology Review. Acesso em 11 de março de 2023, https://www.technologyreview.com/2023/03/10/1069602/meredith-broussard-interview/

Senado Federal (2022). Comissão de Juristas responsável por subsidiar elaboração de substitutivo sobre inteligência artificial no Brasil (CJSUBIA). Acesso em 21 de outubro de 2022, https://legis.senado.leg.br/comissoes/comissao?codcol=2504

Senado Federal. (2023). Projeto de Lei (PL) 2338/2023 – Lei Geral da Inteligência Artificial. Acesso em 16 de junho de 2025, https://www25.senado.leg.br/web/atividade/materias/-/materia/157233

Silva, T. (2022). Racismo algorítmico: inteligência artificial e discriminação nas redes digitais. São Paulo: Sesc.

Smuha, N.; Ahmed-Rengers, E.; Harkens, A.; LI, W.; Maclaren, J.; PiselliI, R.; Yeung, K. (2021, 5 de agosto). How the EU can achieve legally trustworthy AI: A response to the european commission's Proposal for an Artificial intelligence act. Acesso em 03 de janeiro de 2023,https://ssrn.com/abstract=3899991

Tribunal Regional do Trabalho da 7ª Região (TRT-7). 11ª Vara do Trabalho de Fortaleza (2022, 30 de março). Sentença em reclamação trabalhista. Processo nº 0000591-74.2021.5.07.0011. Juíza Trab Tit. Christianne Fernandes Carvalho Diógenes Ribeiro, julgado em 30 mar. 2022. DEJT. Cad. Judiciário do TRT 7ª Região.

União Europeia. General Data Protection Regulation (GDPR). (2016). EUR-Lex. Acesso em 24 de setembro de 2022, http://data.europa.eu/eli/reg/2016/679/2016-05-04.

Vinha, F. (2020, 28 de dezembro). Exclusivo: os detalhes da decisão que obrigou Sony a liberar PS5 banido. Tecnoblog. Acesso em 10 de fevereiro de 2021, https://tecnoblog.net/397205/os-detalhes-da-decisao-que-obrigou-sony-a-liberar-ps5-banido/

A UTILIZAÇÃO DA INTELIGÊNCIA ARTIFICIAL NO PODER JUDICIÁRIO BRASILEIRO E SUA RELAÇÃO COM A EFICIÊNCIA NA PRESTAÇÃO JURISDICIONAL

Autora: Ana Paula Dambrós Marques Matzembacher

O Poder Judiciário brasileiro é responsável por desempenhar relevante função no desenvolvimento econômico do país. Isso porque o crescimento da economia tem relação com uma justiça célere, que traga segurança jurídica e que, por consequência, incentive investimentos e negociações no mercado.

Ocorre que, assoberbado com a expressiva litigiosidade, o Poder Judiciário brasileiro vem apresentando deficiência quando se trata de "assegurar a razoável duração do processo e os meios que garantam a celeridade de sua tramitação" (CF, art. 5º, LXXVIII).

Dados trazidos pelo Conselho Nacional de Justiça demonstram a existência de um acervo de 82.791.150 processos pendentes de julgamento no ano de 2024. Esse número se sobrepõe em demasia à quantidade de processos que são julgados em um período de doze meses pelos juízes brasileiros.

Veja-se que, no ano de 2024, foi julgado apenas um montante de 36.255.896 processos. No entanto, houve um número de novas entradas que ultrapassaram a casa dos 32.232.800 processos. Sem falar no tempo médio de tramitação da demanda, que tem correspondido a, aproximadamente,3 anos e 4 meses de duração.

É evidente a necessidade da adoção de meios que possam auxiliar o Poder Judiciário a ser mais célere e eficiente. Objetivando o aprimoramento da prestação jurisdicional, vem sendo implementado, no Poder Judiciário, o uso da inteligência artificial. A primeira ferramenta é o Sinapses, também chamada de 'Fábrica de modelos de IA', porque é responsável pela produção de serviços inteligentes.

Atualmente, conta-se com 140 projetos em andamento, em 62 tribunais brasileiros, além de contemplar inúmeras atividades internas (exemplo é a busca por casos similares). Diante desse cenário, considerando a morosidade processual que contrapõe o princípio da eficiência, o objetivo deste capítulo é demonstrar, sob o aspecto da análise econômica, se o uso da inteligência artificial no Poder Judiciário pode ser fator relevante para o aumento da eficiência na prestação jurisdicional.

A PRESTAÇÃO JURISDICIONAL E O CUSTO DA JUSTIÇA

Após o advento do Estado Democrático de Direito – que assegurou direitos fundamentais e criou garantias processuais para assegurá-los – surge no Brasil uma crescente expansão da utilização do Poder Judiciário que, assoberbado com a expressiva litigiosidade, passou a apresentar problemas relacionados à demora na tramitação dos processos. Nas últimas décadas, ocorreram ondas de acesso à Justiça, facilitadas tanto pelos instrumentos de tutelas de direitos quanto pela possibilidade de concessão da Assistência Judiciária Gratuita em resposta ao elevado custo do processo (Orsini et al, 2015, p.30).

Fazendo parte dos três poderes da administração pública, o Poder Judiciário exerceu, ao longo do tempo, o monopólio da atividade jurisdicional, inclusive nos casos que dizem respeito a direitos disponíveis. Em razão disso, sendo escassas outras possibilidades de acesso, o ajuizamento de processo era a escolha aparentemente acertada para a solução de um impasse, mas a demora na resolução passou a representar uma perda maior do que a busca pela satisfação do direito.

Atualmente, com o advento da Lei 13.129/2015, foram promovidas significativas mudanças, positivando o uso da Arbitragem como método alternativo de resolução de conflitos. Com isso, crê-se que haverá a possibilidade de realizar escolhas racionais pautadas em maiores benefícios e menores custos, levando em consideração o custo da transação.

Enquanto isso, de acordo com a principal fonte das estatísticas oficiais do Poder Judiciário – o Relatório Justiça em Números do Conselho Nacional de Justiça (CNJ, 2024) – cujos dados são datados até 31 de outubro de cada ano, no ano de 2024, havia a pendência de 82.791.150 processos para serem julgados. No mesmo ano, o número de novas demandas alcançou o montante de 32.232.822, enquanto restaram julgados apenas 36.255.896 processos. Em que pese, no último ano (2024), o número de processos julgados ter ultrapassado o número de entrada de novos processos, evidencia-se uma ineficiência do sistema quando observado o acervo existente, acumulado em anos anteriores. Veja-se os números.

Quadro 1

Número de processos novos, pendentes e julgados entre 2020 e 2024.

Ano	***Processos pendentes de julgamento***	***Entrada de novos processos***	***Processos julgados***
2020	*81.317.210*	*27.128.854*	*25.023.276*

2021	83.134.166	29.865.161	27.307.622
2022	84.716.055	32.800.803	30.245.363
2023	85.801.790	36.977.333	34.532.041
2024	82.791.150	32.232.822	36.255.896

Nota: CNJ, Justiça em Números, 2024.

O Poder judiciário finalizou o ano de 2023 com o montante histórico de R$ 132.753.957.654 (cento e trinta e dois bilhões setecentos e cinquenta e três milhões novecentos e cinquenta e sete mil e seiscentos e cinquenta e quatro reais) destinados a despesas totais, maior índice alcançado em todos os tempos (CNJ, Justiça em Números, 2024). Além disso, o tempo médio de tramitação do processo, contado do seu início até o primeiro julgamento, é de 1.252 dias, o que corresponde a, aproximadamente, 3 anos e 4 meses de duração (CNJ, Justiça em Números, 2024).

Ainda, as estatísticas do ano de 2023 apontam o número de 16.971 magistrados em atuação e 275.581 servidores atuantes no judiciário (CNJ, Justiça em Números, 2024). Levando em conta o total de processos julgados em 2023 (34.532), tem-se que cada juiz soluciona, em média, por dia útil, oito casos. Um estudo sobre a inteligência artificial no Poder Judiciário brasileiro, realizado pelo Conselho Nacional de Justiça (CNJ), aponta que "o nosso Judiciário é um dos mais produtivos do mundo. Entretanto, cada vez mais sentimos que isso não é o bastante" (2019, p.7).

O estudo supramencionado destacou, também, que "a adoção de um modelo baseado na internet e com a eliminação do papel, entretanto, não são suficientes para dar vazão à enorme demanda de novos casos e o acervo existente" (CNJ, 2019, p.11).

Tendo em vista o cenário atual, é importante encontrar o ponto de equilíbrio que possa minimizar as perdas e maximizar os ganhos dos usuários do sistema, seja por meio da implementação de mecanismos auxiliares internos ao sistema do judiciário, como por exemplo a inteligência artificial, seja por meio de incentivos ao uso de meios alternativos de resolução de conflitos (arbitragem, mediação e conciliação).

Na visão de Limberger e Giannakos (2019, p.102) "uma das formas de tornar o Poder Judiciário mais eficiente é, justamente, a implementação da tecnologia nas tarefas intermediárias do processo, possibilitando ao juiz, aos desembargadores e aos ministros um maior tempo para julgarem os processos". Acredita-se que a inteligência artificial é uma ferramenta que se mostra possível no alcance de um melhor desempenho do Poder Judiciário.

A IMPLEMENTAÇÃO DA INTELIGÊNCIA ARTIFICIAL E SUA RELAÇÃO COM O PRINCÍPIO DA EFICIÊNCIA

Com o advento da Lei 11.419/2006, que dispôs sobre a informatização do processo judicial, passa-se a admitir "o uso de meio eletrônico na tramitação de processos judiciais, comunicação de atos e transmissão de peças processuais" (Brasil, art. 1º), o que resultou na sua digitalização. No ano de 2019, foi instituído pelo Conselho Nacional da Justiça o Laboratório de Inovação para o processo judicial eletrônico, abrangendo a inteligência artificial como linha de pesquisa (CNJ, 2019, p.14). Destaca-se que "a primeira ferramenta direcionada ao uso da inteligência artificial é o Sinapses. Uma solução tecnológica que permite a pesquisa e a produção de serviços inteligentes para auxiliar na construção de módulos para o processo judicial eletrônico e no seu aprimoramento" (CNJ, 2019, p.14).

Ainda, informações do Conselho Nacional de Justiça sobre a inteligência artificial no Poder Judiciário (CNJ, 2019, p. 21) explicam que "o sistema Sinapses é uma plataforma para desenvolvimento e disponibilização em larga escala de modelos de IA, também comumente conhecido como 'Fábrica de Modelos de IA'". De acordo com o Painel de Pesquisa sobre Inteligência Artificial, também divulgado pelo Conselho Nacional de Justiça, havia um total de 140 projetos de inteligência artificial em andamento no ano de 2023, num total de 62 tribunais (CNJ, 2023). São inúmeras as atividades contempladas pelos projetos, podendo-se destacar a busca de casos similares. Os números indicam que a motivação para a utilização dessa ferramenta está relacionada diretamente com a eficiência e a agilidade, a melhoria na tomada de decisões e o aumento da precisão e da consistência de tarefas repetitivas (CNJ, Painel de Pesquisa sobre IA, 2023).

Castro Júnior et al destacam que esse modelo de inteligência artificial "agilizará a movimentação das ações" (2020, p.16), principalmente quando, na mineração da petição inicial, for possível identificar "processos diferentes com petições iniciais idênticas em todos os seus aspectos e processos com o mesmo fato e tese jurídica" (2020, p.10). Veja-se, a constatação de umas dessas situações por meio da inteligência artificial resulta na economia de tempo de um servidor da justiça, que poderá concentrar seu esforço na confecção da decisão propriamente dita, e não mais na triagem e na identificação inicial do caso.

Na pesquisa realizada por Castro Júnior et al (2020, pp.16-17) restou concluído que:

> O modelo de IA agilizará a movimentação das ações caso o julgador entender que possa: i) realizar conexões devidas nos processos de tramitação; ii) verificar se algum dos clusters criados se relacionam aos precedentes, atendendo ao artigo 332 do CPC; iii) analisar a viabilidade de aplicar o Enunciado 73 do FONAJE, nos casos relacionados aos Juizados Especiais; IV) facilitar a identificação dos casos para que as Turmas de Uniformização criem Súmulas e v) estabelecer novas rotinas e gestão dos processos nas unidades judiciais.

Atualmente o uso da inteligência artificial que busca casos similares está implantada em diversos tribunais, veja-se alguns relacionados no quadro 2.

Quadro 2

Relação de projetos de inteligência artificial que buscam casos similares.

Tribunal	*Nome do Projeto*	*Atividades contempladas*
CJF	• E-CJFJURIS	Busca de casos similares
STJ	• ADMISSIBILIDADE COTEJADA COM AUXÍLIO DE IA; • ATHOS • CORPUS927 • PLATAFORMA PARA ANÁLISE PRÉVIA DE ADMISSIBILIDADE	Busca de casos similares
TJAM	• ABAÇAI	Busca de casos similares
TJAP	• TIA	Busca de casos similares
TJBA	• ALPHAJUS • OXÓSSI • SOFIA – ASSIS-TENTE VIRTUAL DOS JUIZADOS ESPECIAIS	Busca de casos similares
TJDFT	• ÁRTEMIS • MAAT	Busca de casos similares
TJGO	• BERNA	Busca de casos similares
TJMA	• PROJETO FIRMINA	Busca de casos similares
TJPE	• BASTIÃO • SIBYL	Busca de casos similares
TJPI	• IPÊ • JULIA	Busca de casos similares
TJPR	• LARRY – SEME-LHANÇA DE PETI-ÇÕES • NATJUS GPT	Busca de casos similares
TJRJ	RECURSOS INTERPOSTOS	Busca de casos similares

TJRO	*• CONEXUS E COLLECTIVUS* *• SIA-RESP*	*Busca de casos similares*
TJRR	*• BERNA*	*Busca de casos similares*
TJRS	*• CHATBOT*	*Busca de casos similares*
TJSC	*• CLASSIFICADOR POR CONTEÚDO* *• ROBÔ AUXILIAR* *• SIMILARIDADE DE SENTENÇAS DE 1 GRAU NO 2 GRAU*	*Busca de casos similares*
TJSP	*• ANÁLISE DE CUSTAS DE PREPARO RECURSAL* *• ANÁLISE DE GUIAS DE CUSTAS DUPLICADAS*	*Busca de casos similares*
TRE-DF, PR, RN	*• JANUS*	*Busca de casos similares*
TRT 5 - 7	*• GEMINI*	*Busca de casos similares*
TST	*• BEM-TE-VI* *• SABIÁ*	*Busca de casos similares*

Nota: CNJ, Painel de Pesquisa sobre IA, 2023.

A identificação da similaridade dos casos pela inteligência artificial permite a imediata solução do caso pelo servidor ou juiz daquela unidade. Desse modo, ao invés de realizar uma análise pontual do processo para, então, identificar, por exemplo, que se trata de improcedência liminar porque o pedido contraria um enunciado de súmula do Superior Tribunal de Justiça (Brasil, 2015, art. 332), a demanda pode ser imediatamente julgada. Nessa hipótese, como já mencionado, há, pelos menos, o tempo de um servidor que está sendo economizado e que pode ser empregado com maior rigor nas atividades fins do processo (análise de uma decisão), repercutindo, inclusive, em maior qualidade dos atos. Com isso, há a perspectiva de redução do tempo de tramitação do processo judicial.

A busca de casos similares é apenas um dos modelos de inteligência artificial que vem auxiliando o Poder Judiciário, o que permite concluir que, se empregada no máximo de possibilidades, contribuirá significativamente para a agilidade na tramitação do processo. Ressalte-se que, "em face das diversas possibilidades para uso da IA, que permite adequação ao tratamento de variadas classes de problemas complexos, bem como seu aspecto interdisciplinar, essa é aplicável em diversas áreas" (CNJ, 2019, p.16).

Uma pesquisa sobre uso da inteligência artificial no Poder Judiciário referente ao ano de 2023, identificou um crescimento de 26% em relação a 2022 nos projetos de inteligência artificial desenvolvidos ou em desenvolvimento nos tribunais (CNJ, 2024, p. 97). O mesmo estudo apontou a importância da ferramenta Sinapses (repositório de treinamento para modelos de IA), que:

> Reside na sua capacidade de lidar com o volume massivo de processos que tramitam nos tribunais do país. Ao possibilitar o desenvolvimento de soluções de IA para automatizar tarefas rotineiras, analisar tendências e auxiliar na tomada de decisões, o Sinapses tem o potencial de transformar a maneira como o Judiciário opera (CNJ, 2024, p.95).

Evidente que "a tecnologia empregada não simula a capacidade humana de interpretação, construção de conceitos jurídicos, argumentação e realização de inferências práticas a partir de normas jurídicas ou éticas" (CNJ, Relatório de pesquisa, 2024, p.15). Além disso, há desafios relacionados à sua implementação, porque essa tecnologia está sujeita a riscos, que, se não mitigados, podem comprometer o direito assegurado. Cite-se a proteção de dados e a transparência. No entanto, existem práticas organizacionais que desenvolvem mecanismos de governança que visam combater os riscos de dano.

Em tramitação no Senado Federal, há o Projeto de Lei n. 2.339/2023, que dispõe sobre o uso da inteligência artificial e que visa "a adoção de medidas para mitigar vieses discriminatórios, incentivar a diversidade nas equipes de desenvolvimento e a política de gestão de governança para promoção da responsabilidade social e sustentável" (Brasil, art. 18). Além disso, visa "a avaliação dos riscos e dos benefícios aos direitos fundamentais e medidas de atenuação e efetividade das medidas de gerenciamento" (Brasil, 2023, art. 25).

A integração eficiente da inteligência artificial no Poder Judiciário também está amparada pela Resolução de n. 332/2020 do Conselho Nacional de Justiça, que "dispõe sobre a ética, a transparência e a governança na produção e no uso de Inteligência Artificial no Judiciário e dá outras providências". Frise-se que existem outros elementos importantes a se considerar, como a capacitação e o treinamento dos servidores para o aprimoramento das habilidades do uso da tecnologia a fim de potencializar os seus benefícios (CNJ, Relatório de pesquisa, 2024, p.63).

Apesar desses vieses, no aspecto da análise econômica do direito - que busca entender como os indivíduos tomam decisões dentro de um contexto econômico específico - tem-se que a adoção da inteligência artificial propiciará maior eficiência para o Poder Judiciário. Isso porque, dentro da ótica da maximização racional, hipoteticamente, ainda que não haja redução na taxa para ajuizamento de uma ação, é escolha acertada a implementação desses projetos de inteligência artificial, pois o benefício da agilidade e da qualidade na entrega da solução do processo pelo Poder Judiciário se sobrepõe aos custos. Surge, então, o esperado ponto de equilíbrio, no qual o custo da demanda é proporcional ao seu resultado.

Não se pode negar que, ainda que indiretamente, o Poder Judiciário é determinante quanto ao ritmo de desenvolvimento econômico do país e o uso da inteligência artificial auxiliará significativamente na redução de impactos negativos. Ademais, um cenário de eficiência resultará em incentivos a investimentos e a negociações no mercado, fortalecendo a economia interna.

Sobre a economia ao poder judiciário, enfatiza-se trecho da pesquisa sobre inteligência artificial realizada pelo Conselho Nacional de Justiça no ano de 2019:

> Ao possibilitar a criação de coleções de modelos de IA, tem-se a possibilidade de somar esforços entre diversos tribunais, com a construção de um ecossistema de serviços de IA, de modo a otimizar o trabalho no sistema PJe e economizar recursos humanos e financeiros, além de contribuir para a redução do tempo de tramitação de um processo judicial no cartório/gabinete (CNJ, p.16) - Grifou-se.

A adoção de projetos de inteligência artificial no Poder Judiciário é, sem dúvida, uma das soluções para o alcance de um sistema mais célere e eficiente. Aliás, conforme destacam Limberger e Giannokos (2019, p.98) a "eficiência é o princípio que norteia toda a atuação da Administração Pública, impondo, entre outras exigências, rapidez, precisão em contraposição à lentidão, ao descaso, à omissão, à negligência". Tendo em vista o papel essencial que exerce o Poder Judiciário, é indispensável o aprimoramento de técnicas que possibilitem a excelência na prestação do serviço.

Pode-se concluir mencionando que a inteligência artificial é uma ferramenta que auxiliará consideravelmente na redução do acervo de processos e conferirá maior celeridade na sua tramitação. Esta eficiência, por sua vez, aumenta a confiança dos investidores porque facilita as relações comerciais, que é primordial para o progresso econômico do país.

TECNOLOGIA E EFICIÊNCIA JUDICIAL: REFLEXÕES CONCLUSIVAS

A Constituição Federal de 1988 elenca, no seu art. 3º, como objetivos fundamentais da República, a garantia do desenvolvimento nacional e a redução das desigualdades regionais e sociais. Menciona, também, a existência de princípios gerais que norteiam a atividade econômica e que objetivam assegurar a todos a existência digna (art. 170). O Poder Judiciário, por meio de seus órgãos, desempenha função social relevante na sociedade, ao passo que é legitimado a garantir os direitos individuais, sociais e coletivos.

Perceba-se que, um sistema que possa assegurar com efetividade/eficiência a prestação jurisdicional contribuirá para o alcance de um efetivo desenvolvimento nacional. Isso porque a atividade econômica depende de uma solução jurídica célere e eficaz, que possa estimular e incentivar a produção do comércio, cite-se o pequeno empreendedor, o investidor e a multinacional. A estabilidade e eficiência do mercado estão relacionadas ao bom desempenho do Poder Judiciário.

Considerando esse cenário, o Poder Judiciário vem implementando projetos de inteligência artificial que visam justamente contribuir para a celeridade na tramitação de um processo judicial. Atualmente são inúmeros os projetos de inteligência artificial implementados no judiciário e em crescente evolução. A busca por casos similares é uma das ferramentas em funcionamento na maioria dos tribunais brasileiros e que tem auxiliado os servidores da justiça. Apesar de ainda não haver dados concretos relacionados o exato aumento do grau de efetividade na tramitação da ação judicial decorrente do uso da inteligência artificial, o presente capítulo demonstra que essa tecnologia tem o potencial de auxiliar na redução do congestionamento processual e mudar o cenário da morosidade processual estampado no judiciário brasileiro.

REFERÊNCIAS BIBLIOGRÁFICAS

Brasil. Constituição da República Federativa do Brasil de 1988. Acesso em 12 de janeiro de 2025, https://www.planalto.gov.br/ccivil_03/Constituicao/Constituicao.htm

Brasil. Lei n. 11.419, de 19 de dezembro de 2006. Dispõe sobre a informatização do processo judicial, altera a Lei nº 5.869, de 11 de janeiro de 1973 – Código de Processo Civil; e dá outras providências. Acesso em 30 de dezembro de 2024, https://www.planalto.gov.br/ccivil_03/_ato2004-2006/2006/lei/l11419.htm

Brasil. Lei n. 13.105, de 16 de março de 2015. Código de Processo Civil. Acesso em 30 de dezembro de 2024, https://www.planalto.gov.br/ccivil_03/_ato2015- 2018/2015/lei/l13105.htm

Brasil. Projeto de Lei n. 2.339/2023. Dispõe sobre o uso da Inteligência Artificial. Acesso em 10 de janeiro de 2025, https://www25.senado.leg.br/web/atividade/materias/-/materia/157233

Castro Junior, A. P. de; Calixto, W. P.; Castro, C. H. A. de. (2020, jan./jun). Aplicação da Inteligência Artificial na identificação de conexões pelo fato e tese jurídica nas petições iniciais e integração com o Sistema de Processo Eletrônico. Revista CNJ, 4(1), 9-18. Acesso em 2 de janeiro de 2025, http://localhost:8080/xmlui/handle/123456789/185

Conselho Nacional de Justiça. (2019). Inteligência artificial no Poder Judiciário brasileiro. Brasília: CNJ. Acesso em 30 de dezembro de 2024, https://bibliotecadigital.cnj.jus.br/xmlui/handle/123456789/98

Conselho Nacional de Justiça. (2024). Justiça em números. Brasília: CNJ. Acesso em 14 de dezembro de 2024, https://justica-em-numeros.cnj.jus.br/

Conselho Nacional de Justiça. (2024). O Uso da inteligência artificial generativa no Poder Judiciário brasileiro: relatório de pesquisa. Brasília: CNJ. Acesso em 10 de janeiro de 2025, chrome-extension://efaidnbmnnnibpcajpcglclefindmkaj/https://www.cnj.jus.br/wp-content/uploads/2024/09/cnj-relatorio-de-pesquisa-iag-pj.pdf

Conselho Nacional de Justiça. (2023). Painel da Pesquisa sobre inteligência artificial, 2023. Brasília: CNJ. Acesso em 7 de janeiro de 2025, https://paineisanalytics.cnj.jus.br/single/?appid=43bd4f8a-3c8f-49e7-931f-52b789b933c4&sheet=e4072450-982c-48ff-9e2d chrome-extension://efaidnbmnnnibpcajpcglclefindmkaj/https://www.cnj.jus.br/wp-content/uploads/2024/09/cnj-relatorio-de-pesquisa-iag-pj.pdf-361658b99233&the

me=horizon&lang=pt-BR&opt=ctxmenu,currsel&select=Ramo%20da%20Justi%C3%A7a,&select=Tribunal,&select=Seu%20Tribunal/%20Conselho-%20possui%20Projeto%20de%20IA?,N%C3%A3o%20sei%20responder

Conselho Nacional de Justiça. (2024). Pesquisa uso de inteligência artificial (IA) no Poder Judiciário: 2023. Brasília: CNJ. Acesso em 30 de dezembro de 2024, https://bibliotecadigital.cnj.jus.br/jspui/handle/123456789/858

Conselho Nacional de Justiça. (2020). Resolução n. 332/2020. Dispõe sobre a ética, a transparência e a governança na produção e no uso de Inteligência Artificial no Poder Judiciário e dá outras providências. Acesso em 10 de janeiro de 2025, chrome-extension://efaidnbmnnnibpcajpcglclefindmkaj/https://www.stj.jus.br/internet_docs/biblioteca/clippinglegislacao/Res_332_2020_CNJ.pdf

Limberger, T.; Giannakos, D. B. d. S. (2019, jan./jun.). O princípio constitucional da eficiência e a transparência, analisados sob a ótica do custo da justiça: como aprimoramento da responsabilidade da entrega da prestação jurisdicional. Revista CNJ, Brasília, 3(1), 96-105. Acesso em 2 de janeiro de 2025, http://localhost:8080/xmlui/handle/123456789/251

Orsini, A. G. d. S.; Reis, L. S. V.; Moreira, L. B. D. R. (2015). Os Juizados Especiais Cíveis no século XXI: dificuldades, promessas e expectativas para a efetividade do acesso à Justiça enquanto Política Pública no território brasileiro. Revista CNJ, 1(1), 29-34. Acesso em 29 de dezembro de 2024, http://bibliotecadigital.cnj.jus.br/xmlui/handle/123456789/263

A APLICABILIDADE E OS DESAFIOS DA INTELIGÊNCIA ARTIFICIAL COMO FERRAMENTA DE EFETIVAÇÃO DOS DIREITOS À DURAÇÃO RAZOÁVEL DO PROCESSO E À SEGURANÇA JURÍDICA NO BRASIL E EM DEMAIS PAÍSES ADEPTOS DO CIVIL LAW

Autor: Pedro Henrique Meirelles Borsari

Muito rapidamente, a Inteligência Artificial (IA) se tornou realidade no contexto mundial. Com a popularização dessa tecnologia e a facilitação do acesso do público às suas ferramentas, surgem questionamentos necessários a respeito do papel da IA na sociedade, sua capacidade de extinção de certos trabalhos humanos e, principalmente, sua real condição de impactar positivamente a humanidade.

Na seara das ciências jurídicas, os modelos de IA, por sua capacidade multidisciplinar e de padronização, podem ser poderosíssimos aliados do Judiciário, mas, por essas mesmas características, também podem prejudicar a persecução da Justiça ao transformar teses jurídicas em produtos comerciais, desumanizar o processo de aplicação do Direito e apresentar vieses algorítmicos e processos de decisão pouco transparentes.

Em países adeptos da Civil Law, especialmente no Brasil, vêm surgindo discussões a respeito dos desafios de se garantir a segurança jurídica no contexto de um sistema adepto do princípio do livre convencimento motivado, dada a pluralidade de interpretações (em tese) juridicamente possíveis sobre um mesmo fato, e a liberdade do julgador de adotá-las, baseando-se estritamente em sua convicção.

Nesse contexto, o presente estudo pretende, em primeiro lugar, fixar o estabelecimento da segurança jurídica como o atual desafio dos países adeptos do Civil Law e, em seguida, expandir sobre a utilização responsável de modelos de IA como mecanismos capazes de contribuir consideravelmente para a construção de um sistema que garanta maior segurança jurídica às relações sociais desses países.

O LIVRE CONVENCIMENTO MOTIVADO ENQUANTO DESAFIO À SEGURANÇA JURÍDICA

Em linhas gerais, os sistemas jurídicos internacionais se subdividem em duas principais classes: Common Law e Civil Law. O primeiro, de origem anglo-saxã, é um método de aplicação do direito que tem como principal fonte decisões judiciais passadas. No contexto desse sistema, o juiz tem a sua compreensão do caso vinculada à tradição jurisprudencial ou, em outras palavras, à compreensão que julgadores antes dele tiveram ao analisar casos análogos ou semelhantes (Fletcher & Sheppard, 2005).

O Civil Law, por sua vez, de acordo com Butler (2009), surgiu do Direito Romano e premia a Lei, em seu sentido mais amplo, como sendo a fonte primária da interpretação judicial. Ao julgador se impõe o serviço principal de interpretar e aplicar as normas escritas pelo legislador, ficando, a tradição, em segundo plano (Varga, 2010).

Especialmente em razão do contexto de sua origem, cada sistema acabou se disseminando de forma diferente. Os Estados Unidos herdaram da Inglaterra a common law, enquanto o Brasil, imagina-se que por força da colonização portuguesa, seguiu a linha da civil law, adotada amplamente na Europa Continental por França, Alemanha, Portugal e Espanha, por exemplo.

Considerando que a diferença fundamental entre os supracitados sistemas está na fonte primária da interpretação do caso sub júdice, e que, no caso da civil law, a aplicação da Lei não decorre necessariamente da compreensão já fixada em casos pretéritos, mas sim da visão que cada julgador tem da norma e do caso concreto, instituiu-se, em países como o Brasil, um princípio chamado "livre convencimento motivado". Esse princípio dá ao juíz liberdade para solucionar as questões submetidas ao seu julgamento de acordo com a sua própria interpretação da legislação aplicável a cada caso.

Ausente a vinculação da interpretação normativa, não há, por consequência, padronização das decisões, o que, por sua vez, reduz a previsibilidade do posicionamento do Judiciário e prejudica a segurança jurídica. No Brasil, a subjetividade do sistema do livre convencimento motivado é questão amplamente criticada na academia[1] por contribuir para o reforço de

---

1 Vale a leitura do artigo "Verdade real e livre convencimento: O processo decisório judicial brasileiro visto de uma perspectiva empírica" de Regina Lucia Teixeira Mendes. Disponível em: https://scispace.com/pdf/verdade-real-e-livre-convencimento-o-processo-decisorio-5gecu9hf4c.pdf. Último acesso em 17/06/2025.

desigualdades, perpetuar más interpretações da legislação e, de certa forma, legitimar decisões arbitrárias de forma geral.

Vale, inclusive, comentar sobre o famoso estudo de Danziger, Levav & Avnaim-Pesso (2011) em que se analisou mais de 1.100 decisões judiciais de liberdade condicional em Israel, ao longo de um período de 10 meses, entre os anos de 2009 e 2010. O objetivo da pesquisa era analisar se existe e qual seria a extensão da influência de fatores externos nos resultados das decisões judiciais, e a conclusão principal, em resumo direto, é de que os juízes objeto do estudo ficavam mais tendentes a negar pedidos de liberdade condicional conforme se aproximavam dos horários de almoço ou outras refeições, com a chance de concessão caindo de aproximadamente 65% no início do expediente para virtualmente zero na sessão imediatamente anterior à pausa. Depois do intervalo, a taxa voltava à normalidade dos aproximados 65%.

Ao estabelecer paralelo entre esse emblemmático estudo e o véu de legitimidade posto sobre a prestação jurisdicional no civil law pelo princípio do livre convencimento motivado, conclui-se ser virtualmente impossível atingir níveis saudáveis de segurança jurídica num sistema que não busca padronizar e tornar previsível a aplicação da legislação, justamente porque não se pode sequer controlar quais serão os motivos que fundamentam cada decisão judicial.

Nesse sentido, buscando a garantia da segurança jurídica e tendo em mente a enorme capacidade de assimilação de dados e formalização de padrões próprio dos modelos de inteligência artificial, é possível apreender que a IA pode ser uma valiosa aliada nessa jornada, nos termos de tudo o que se expõe a seguir.

A INTELIGÊNCIA ARTIFICIAL ENQUANTO FERRAMENTA DE

SEGURANÇA JURÍDICA EM DIFERENTES PAÍSES DO MUNDO

Pelo exposto até o momento, fica evidente a existência de um obstáculo à segurança jurídica em razão da impossibilidade de se padronizar decisões judiciais prolatadas sob a vigência do princípio do livre convencimento motivado.

O desafio enfrentado neste estudo é justamente o de demonstrar a utilidade da inteligência artificial enquanto ferramenta capaz de diminuir a área de influência do supracitado princípio e contribuir para a padronização do entendimento do Judiciário sobre casos já julgados no passado.

Como se sabe, modelos de inteligência artificial são conhecidos por serem um conglomerado de diferentes tecnologias e algoritmos capazes de assimilar, de forma rápida e precisa, grandes quatidades de informação e executar tarefas. Na seara do Direito, Getman et al. (2023) defendem a utilização da IA na identificação de casos análogos, avaliação de riscos, elaboração de prognósticos de resultado de demandas judiciais e até para alimentar juízes com recomendações embasadas. Para os autores, alguns dos benefícios perceptíveis a paartir da utilização dessa ferramenta seriam o aumento da celeridade e eficiência do processo decisório, a objetividade das decisões, a mitigação de erros humanos e a garantia do acesso à justiça por meio da redução dos custos de se ajuizar uma ação.

Países como Estados Unidos, Canadá e Inglaterra já têm iniciativas relevantes de uso de sistemas de IA no contexto judicial. Nos EUA, vale ressaltar sobre o Correctional Offender Management Profiling for Alternative Sanctions (COMPAS), um sistema implementado pelo governo do Estado de Wisconsin, utilizado em casos criminais para ajudar a prever a probabilidade de reincidência de um ofensor. Pela análise de indicadores como antecedentes criminais e condições sociais, o COMPAS apresenta um relatório com sugestões de medidas cautelares alternativas ou sobre a melhor forma de supervisão do indivíduo para evitar que ele cometa novos delitos.

No Canadá, Rissland (2003) já relata uso extensivo na área jurídica. De acordo com o autor, elementos de IA são, há tempos, usados no país em análises periciais e para a verificação de documentos. Eles se mostraram especialmente úteis na seleção das partes mais relevantes de documentos muito extensos, o que acabou contribuindo para a celeridade das decisões.

No Reino Unido, contudo, é onde se evidencia o uso mais interessante da IA no Direito. De acordo com Getman et al. (2023), recursos de inteligência artificial contribuem de forma importante na aplicação do sistema britânico de precedentes, auxiliando no mapeamento e identificação de decisões passadas aplicáveis em casos atuais, sem contar o seu uso na simplificação de tarefas administrativas dos gabinetes como a alimentação de sistemas de gestão processual e o agendamento de atos processuais.

Já no Brasil, Bandeira (2021), citada por Alexandre & Moreira (2023, p.210) informa que, atualmente, "pelo menos 47 tribunais de justiça já exploram mecanismos de Inteligência Artificial para auxiliar as atividades judiciais e encurtar o tempo neutro dos processos". Uma iniciativa que merece destaque é a do sistema RADAR, desenvolvido pelo Tribunal de Justiça de Minas Gerais (TJMG), que tem o objetivo de atuar em demandas repetitivas e identificar teses já fixadas nos tribunais superiores do país, conforme leciona Carneiro (2021, p.18).

O que se apreende a partir de todo o exposto é que IA serve muito na aplicação do Direito, especialmente por ser uma ferramenta capaz de, não só automatizar tarefas administrativas repetitivas, mas de munir os julgadores de informações mais precisas, que auxiliam a tomada de decisão e direcionam a compreensão dos juízes à uniformização da interpretação da legislação. Um importante exemplo disso é a iniciativa do TJMG, que servirá para destacar a aplicabilidade de questões já fixadas nos tribunais superiores aos novos casos levados ao judiciário mineiro.

Nesse sentido, dado o estado atual de despadronização da prestação jurisdicional já denunciado no início deste artigo, é possível concluir que, pelos modelos exemplificados neste tópico, a Inteligência Artificial, sem dúvida alguma, serve como instrumento capaz de trazer à realidade do judiciário aspectos de padronização, previsibilidade e segurança jurídica perdidos pela aplicação irrestrita do princípio do livre convencimento motivado.

No entanto, assim como qualquer inovação, há riscos e pontos de atenção que precisam ser observados, especialmente ao se tratar de um serviço público tão sensível quanto a Justiça, para que se evite a perpetuação da arbitrariedade e a manutenção da insegurança. No tópico a seguir, tratar-se-á exatamente dos desafios da implementação da IA em sistemas jurídicos com base em experiências observadas internacionalmente, sempre com foco na garantia da segurança jurídica.

DESAFIOS E PONTOS DE ATENÇÃO NO USO DA IA NO JUDICIÁRIO

Apesar dos benefícios e das iniciativas positivas relatadas no tópico anterior em relação ao reforço da segurança jurídica, é importante deixar claro que a implementação de modelos de Inteligência Artificial no contexto do Poder Judiciário e dos processos judiciais deve ser extremamente cuidadosa, justamente para evitar que uma ferramenta aparentemente benéfica se torne um instrumento de perpetuação de injustiça, ineficiência e más decisões.

Em recapitulação da experiência americana tida com o COMPAS, por exemplo, Northpointe (2015) destacou que a implementação desse sistema desencadeou uma série de discussões a respeito da sua corretude ética, principalmente em relação à possibilidade de existência de vieses que perpetuem desigualdades e preconceitos, como a determinação de risco de reincidência baseada em características raciais ou de classe social do indivíduo.

No mesmo sentido, Getman et al. (2023) destacam que a implementação de modelos de IA no Judiciário traz à tona questões regulatórias extremamente importantes, como a transparência dos algoritmos, a capacidade de se medir a sua imparcialidade, a identificação do agente responsável por eventuais prejuízos decorrentes de decisões ou atos processuais praticados por IA e a existência de vieses de julgamento.

Para Bell et al. (2022), todo modelo de IA é desenvolvido com base em algum viés, o que torna a compreensão global do processo de tomada de decisão do algoritmo extremamente complicada e pode resultar, na prática, na prolação de decisões equivocadas ou mal fundamentadas.

Outro ponto de atenção que vale mencionar é a proteção de dados. Por natureza, a base de dados do Judiciário movimenta um volume extenso de dados extremamente sensíveis de quase toda a população de um país. Alimentar algum modelo de Inteligência Artificial com todas essas informações sem a devida regulação e parametrização do algoritmo para resguardar certos níveis de privacidade, tornaria o próprio Estado, por meio de seu poder Judiciário, o maior violador das regras de proteção de dados vigentes.

Por último, Ratzmetaeva (2024) alerta para o fato de que a padronização exagerada de decisões judiciais, ao invés de contribuir para a garantia da segurança jurídica, pode, na verdade, representar exatamente o oposto. Isso porque o Direito lida com conlitos que além de fluidos por natureza, têm, em muitos casos, aspectos muito específicos, capazes de alterar totalmente uma decisão judicial. De fato, de um sistema jurídico que se baseia estritamente em decisões padrão não se poderia esperar a ponderação de questões altamente específicas ou especializadas, o que acabaria prejudicando aqueles cujos casos se enquadram nessas definições.

Assim, o que se pode concluir é que, assim como qualquer inovação, há importantes desafios e obstáculos a serem transpostos pelas tecnologias de Inteligência Artificial até que se possa considerar que máquinas tenham condições equivalentes (ou melhores) aos humanos para desincumbí-los da complexa tarefa de analisar e resolver sozinhas, com a profundidade, cuidado e detalhamento necessários, conflitos interpessoais e ações judiciais. Isso, no entanto, não significa que os modelos de IA não sejam, desde agora, poderosas e importantes ferramentas auxiliadoras dos operadores do direito na produção de decisões, pareceres, análises documentais e gestão de processos, e que sejam capazes, inclusive, de atuar como verdadeiros agentes otimizadores da celeridade processual, eficiência, cooperação e, sobretudo, segurança jurídica, da qual tanto carece o Poder Judiciário internacionalmente.

À luz do que já se expôs, é válido relembrar que só no Brasil são mais de 47 tribunais de justiça diferentes explorando iniciativas de inteligência artificial aplicáveis ao Judiciário, de maneira que, mesmo com as ressalvas aqui discutidas, não se pode descartar a utilidade da Inteligência Artificial nesse contexto, e que vale incorporar as capacidades dos sistemas atuais enquanto ferramentas de auxílio, apoio, esclarecimento e viabilização do trabalho do julgador, nos termos do que se considera a seguir.

A UTILIZAÇÃO PRÁTICA POSITIVA DA IA NO JUDICIÁRIO

Com vistas à solução do problema da incongruência das decisões prolatadas em casos análogos, causada pelo protagonismo exacerbado do livre convencimento motivado, e por tudo o que se expôs até o momento neste estudo, é seguro assumir que havendo relevante insegurança - pelo menos por enquanto - na delegação da função de decidir em processos judiciais para modelos de IA, cabe a utilização desses sistemas como ferramentas de apoio à prestação jurisdicional.

Para Alexandre & Moreira (2023), a reflexão humana ainda é a melhor ferramenta para resolver os conflitos próprios das nossas relações, mas é importante se atentar ao fato de que o futuro já aponta uma realidade em que sistemas informatizados e algoritmos se tornarão essenciais também na avaliação, valoração e decisão de casos concretos.

Os desafios e pontos de atenção tratados anteriormente são extremamente relevantes, especialmente no destaque da suscetibilidade dos modelos de IA a vieses que perpetuam preconceitos, por exemplo. Sobre esse assunto, vale apontar o trabalho de Zemel et al. (2023), citado por Ribeiro (2022, p.47), que relatou o seguinte sobre esse grupo de pesquisadores:

"conseguiram criar um mecanismo de otimização capaz de ofuscar discriminações contra grupos vulneráveis em algoritmos de machine learning. Nesse caso, o algoritmo cria uma representação dos dados que remove a influência de variáveis sensíveis, como raça, cor, gênero e classe social. Estritamente, é como se, na tomada de decisão ou classificação, o modelo de machine learning aprendesse a corrigir discriminações sociais presentes na própria sociedade".

A partir desse exemplo, não resta dúvida de que essa virada tecnológica e a introdução da IA no contexto do Poder Judiciário trazem um remodelamento muito interessante à estrutura processual clássica, que sofre com o exacerbamento de servidores e a assimetria decisional para garantir a efetividade dos princípios da duração razoável do processo e da segurança jurídica. É, pelo menos aparentemente, com esse objetivo que caminha o Judiciário brasileiro, no intuito de efetivar direitos fundamentais muitas vezes escanteados na prática processual diária. Iniciativas como a brasileira não só denotam o reconhecimento da existência de todos os problemas tratados neste estudo, como admitem que o uso estratégico e responsável da Inteligência Artificial pode ser o caminho apra garantir que a tutela prestada à população seja cada vez mais justa, célere, eficiente e segura, sem descartar a essencial figura do juiz humano, mas sim associando-o em parceria com ferramentas que facilitem o seu dizer do Direito, inclusive respeitando o tão importante sistema de precedentes.

REFERÊNCIAS BIBLIOGRÁFICAS

Alexandre, J. M. C., & Moreira, M. L. S. P. (2023). A inteligência artificial e o processo judicial no Brasil: evolução e perspectivas. Revista Em Tempo, 22(1), 203–214.

Bandeira, R. (2021, 2 de março). Pesquisa revela que 47 tribunais já investem em inteligência artificial. Conselho Nacional de Justiça. Acesso em 17 de junho de 2025, https://www.cnj.jus.br/pesquisa-revela-que-47-tribunais-ja-investem-em-inteligencia-artificial/.

Bell, F., Moses, L. B., Legg, M., Silove, J., & Zainieriute, M. (2022). AI Decision-Making and the Courts: A guide for Judges, Tribunal Members and Court Administrators. Sydney: The Australian Institute of Judicial Administration Incorporated

Butler, W. E. (2009). Civil Law (pp. 387–452). Oxford University Press.

Carneiro, L. E. F. (2021)Inteligência Artificial e Decisão Judicial: Um Estudo de Caso sobre o uso do Sistema Inteligente Radar Do TJMG. 2021 [Trabalho de Conclusão de Curso de Graduação, Centro Universitário Guanambi].

Danziger, S., Levav, J., & Avnaim-Pesso, L. (2011). Extraneous factors in judicial decisions. Proceedings of the National Academy of Sciences, 108(17), 6889–6892.

Fletcher, G. P., & Sheppard, S. (2005). The Common Law (pp. 15–28).

Getman, A. P., Yaroshenko, O. M., Shapoval, R. V., Prokopiev, R. Y., & Demura, M. I. (2023) The impact of artificial intelligence on legal decision-making. International Comparative Jurisprudence (pp. 153-169).

Razmetaeva, Y. (2024). Artificial Intelligence for Judicial Decision-making: Some Potential Risks. Problems of Legality (pp.177–191).

Ribeiro, R. S. (2022). Inteligência artificial, Direito e equidade algorítmica: discriminações sociais em modelos de machine learning para a tomada de decisão. Revista de Informação Legislativa, 59(236), 29–53. https://www12.senado.leg.br/ril/edicoes/59/236/ril_v59_n236_p29.pdf

Rissland, E. L., Ashley, K. D., & Loui R. P. (2003). AI and Law: A fruitful synergy. Artificial Intelligence, 150(1–2), 1–15.

State of Wisconsin Department of Corrections. (n.d.). COMPAS. Acesso em 17 de junho de 2025, https://doc.wi.gov/Pages/AboutDOC/COMPAS.aspx

Varga, C. (2010). Law, understanding of law, application of law. Acta Juridica Hungarica, 51(2), 97–108.

INTELIGÊNCIA ARTIFICIAL NO PODER JUDICIÁRIO: FERRAMENTA DE APOIO OU SUBSTITUTA DA ATIVIDADE HUMANA?

Autor: Luis Filipe Lemos Almeida

O acesso à ordem jurídica justa constitui desdobramento do objetivo constitucional de se construir uma sociedade justa, o que perpassa pela integridade do sistema judicial, sobretudo pela uniformidade das decisões, a fim de conferir segurança jurídica e credibilidade ao sistema de justiça. Trata-se de um valor, resguardado pelas competências das cortes superiores de revisar decisões subalternos divergentes, inclusive em sede de controle concentrado.

Esse viés à uniformização de julgamentos, na perspectiva de evitar contradições decisórias, foi impactado pelo cenário de distribuição exponencial, atingindo 22.916.732 ações em 2024 (Colafemina, 2025). O debate sobre a necessidade de incorporação ao processo produtivo de avanços tecnológicos se relaciona à perspectiva de esgotamento da oferta jurisdicional, pois "os juízes brasileiros (já) julgam mais de 2 mil processos por ano, cada um. Nenhum Judiciário do mundo consegue exibir a produtividade do brasileiro" (CNJ, 2024).

Nesse cenário de crise, a IA se destaca pela capacidade de otimizar os processos produtivos manuais. Com efeito, a racionalidade, a logicidade, a capacidade de armazenamento e processamento de dados dos computadores os capacitam a avaliar todo o conhecimento já produzido. Isso encanta e fascina, indo ao encontro dos postulados de uniformidade desejados pelo sistema de justiça.

É necessário, assim, refletir sobre as perspectivas do emprego da IA dentro de uma estratégia ao enfrentamento da taxa de congestionamento de 60,76% (CNJ, 2024 – nov.), a partir de suas características constitutivas, pois cediço que "existe hoje na literatura um certo consenso sobre os impactos das inovações tecnológicas e organizacionais na estrutura da indústria e na organização das instituições" (Tigre, 1998, p.68) a ponto de a inovação constituir requisito para a própria manutenção da organização dentro do "mercado" em que atua.

A VELOCIDADE COMO UM VALOR DA JURISDIÇÃO MODERNA

A demanda do Poder Judiciário foi impactada pela implementação de novos tipos de direitos no século XX, de modo que os princípios políticos inscritos na Constituição passaram a integrar o direito positivo (Dworkin, 2002, p.X), "assentando-se um estado de justiça constitucional, com consequente confluência entre a teoria política e a teoria do direito" (Almeida, 2025), na esteira do que defende Habermas (2003, p.238): "a interpretação do direito constitui também uma resposta aos desafios de determinada situação social".

Assim, o rompimento do dogma liberal da completude da lei, que reduzia o juiz a bouche de la loi, despido da maior atividade criativa e inovadora, confere maior protagonismo ao Poder Judiciário, como intérprete de princípios e valores maiores, mas também resulta externalidades não desejadas. Dentre elas, destaca-se o impacto no tempo da resolução dos conflitos, com a potencialidade de frustrar a fruição dos bens objeto do litígio, inconveniente sintetizado na célebre frase de Rui Barbosa: "a justiça atrasada não é justiça, senão injustiça qualificada e manifesta" (Nunes, 2022). E se a tradicional organização produtiva do Poder Judiciário não acompanha o crescimento da demanda, encontrar alguma solução se torna um imperativo de legitimação social da instituição, mormente porque a alusão à contratação de pessoal é inviável, face às limitações orçamentárias.

Fazer frente ao número exponencial de processos e preservar a ponderação dos méritos morais em cada um e todos os casos sob judice constitui o desafio da jurisdição moderna. Não basta apenas produzir mais, pois a reflexão se centra também no acesso à justiça, sob a perspectiva do "modo pelo qual os direitos se tornam efetivos" (Cappelletti e Garth, 2020, p.12), objetivo não atingido pela oferta de estrutura ineficiente ou desqualificada.

A TECNOLOGIA NA JURISDIÇÃO NUMA VISÃO RETROSPECTIVA

Os avanços tecnológicos do Poder Judiciário são inquestionáveis desde o século XX. A escrita manual foi substituída pela máquina de escrever nos anos 30, que foi sucedida pelo microcomputador, permitindo a edição de texto e elaboração de documentos a partir de textos previamente elaborados. Com a popularização da internet, a partir de 1995, os sistemas automatizaram rotinas de trabalho, conectando o capital humano em ambiente eletrônico, ainda que o documento virtual fosse encartado em autos de papel.

O avanço para o processo eletrônico iniciou em 2004 (CNJ, 2020) e, após a regulação pela Lei nº 11.419 (2006), chegou a todos os tribunais do país, a ponto de o Conselho Nacional de Justiça proibir a distribuição de processos físicos em 2022 (Resolução nº 420, 2021). A transformação digital trouxe benefícios inequívocos, dentre os quais se destacam a maior acessibilidade, transparência e eficiência.

Tais inovações, contudo, não foram incorporadas sem contestações, fundadas em projeções de externalidades pelo mau uso. Célebre foi o apelo julgado pelo Tribunal de Minas Gerais, que anulou a sentença datilografada, sob argumentação de ofensa à publicidade do ato decisório (Rabelo, 2025). O Superior Tribunal de Justiça já anulou interrogatório produzido por videoconferência sob o fundamento de a presença física do juiz constituir um direito do réu (Habeas Corpus nº 193.025/SP). Aliás, Coelho (2007) lembra

> No fim da década de 1980, várias sentenças foram anuladas porque os juízes haviam usado o microcomputador. Os tribunais receavam que o novo equipamento, na medida em que permitia a reprodução de sentenças "em série", pudesse prejudicar a devida atenção do magistrado para as particularidades de cada caso.

E a IA já está na pauta do dia, tendo recentemente a 15ª Câmara do Tribunal de Justiça de São Paulo improvido apelação em que se questionava a validade de sentença provavelmente redigida pelo Chat GPT, confirmando-se possibilidade do emprego desta ferramenta como fonte de auxílio do magistrado (Fant, 2025).

A IA NO PROCESSO DE TOMADA DE DECISÕES

O monopólio humano da inteligência, até então questionado em fábulas, como a do místico ser artificial Golem (2022) ou do boneco de madeira Pinóquio (2024), tornou-se realidade no pós-guerra com a construção de máquinas dotadas da capacidade de reconhecer textos, falas ou imagens, realizando confrontações para reconhecer padrões de decisão. Para tanto, o computador é programado para armazenar dados, ou seja, registros brutos, os chamados inputs, que são rotulados (clusters), formando uma base acessível, para num segundo momento acessá-la segundo uma sequência preestabelecida de instruções (algorítimo), identificando padrões de condutas que permitem à máquina fazer previsões e inferências.

Na fase inicial, a máquina operava num padrão mais simples, sob a supervisão humana, que direcionava o algoritmo ao carregar dados previamente escolhidos, rotulando-os em um sistema binário como desejados ou indesejados. Nesse processo, a máquina se mostra mais reativa, operando apenas e segundo regras pré-programadas, o que limitava suas ações ao "conjunto de dados de entrada e um conjunto correspondente de dados de saída rotulados emparelhados" (AWS, n.d.).

A evolução para as redes neurais artificiais, em que as entradas são organizadas em camadas, permitiu a "transformação matemática com base no ajuste das ponderações dos dados" na produção de resultados (AWS, n.d.). O computador adquiriu a capacidade de aprender sozinho, aumentando o grau de assertividade ao testar vários inputs em caminhos diferentes, que recebem pesos diversos (na conta matemática). Assim, as camadas neurais internas (hidden layers) passam a dominar a tarefa e a entregar resultados mais precisos, pois o algoritmo confere peso maior às conexões que apresentam resultados desejados.

No estágio seguinte foi superada a necessidade da rotulação dos dados brutos de entrada, adquirindo a máquina a capacidade de identificar sozinha os padrões e estabelecer relacionamentos entre os dados, considerando suas semelhanças, os chamados métodos de machine learning não supervisionados. "Dessa forma, esses algoritmos têm a capacidade de organizar amostras sem que exista uma classe pré-definida" (Wolkart & Becker, 2022, p.878).

Por fim, com foco em ambientes complexos, com multiplicidade de regras e relações de dependência, o aprendizado por reforço permitiu o treinamento do software pelo próprio uso. Os "algoritmos são treinados para tomar decisões, e recebem um feedback sobre o sucesso ou erro da saída, que será utilizado para aprimorar o algoritmo, modificando sua estratégia de forma a alcançar a recompensa mais alta" (Wolkart & Becker (2022, p.878).

IA COMO A NOVA FRONTEIRA TECNOLÓGICA

Há um consenso de que automatização de fluxos e processos gera maior produtividade, celeridade e assertividade, pois "os milhares de dados analisados no limite da cognição humana dizem muito pouco se comparados às respostas extraídas de bilhões de dados analisadas pela quase ilimitada cognição artificial (Wolkart & Becker, 2022, p.876).

No âmbito da atividade-meio do Poder Judiciário, destaca-se a capacidade do computador de: (a) realizar intimações eletrônicas em plataformas, certificar prazos e expedir documentos, a partir da leitura e reconhecimento do conteúdo de decisões, tarefa hoje realizada manualmente por técnicos e analistas; (b) interagir com pessoas, identificando-as por faces, digitais, íris e vozes, para transmitir comandos judiciais, registrando o resultado, tarefa hoje realizada manualmente por oficiais de justiça; (c) atender o público, recebendo e gestionando demandas por informação ou outras rotinas administrativas, a partir de ferramenta tipo chatbot.

O implemento da IA tende a impactar de sobremodo os serviços auxiliares, realocando o capital humano para tarefas decisórias e de tecnologia da informação, para aperfeiçoamento da programação. A atuação humana nos moldes atuais ficará restrita a tarefas excepcionais, quando verificada a impossibilidade de interação com a máquina, na esteira da advertência de Bill Gates: "adapte-se, inove e prepare-se para um futuro onde a IA não é apenas uma ferramenta, mas um concorrente" (O Tempo, 2025).

Já na atividade-fim a IA dispõe de soluções para a elaboração de relatórios, transcrição de áudios, identificação de provas dentro de volumosos autos, a pesquisa de jurisprudências e doutrinária, etc. O campo de aplicação é vasto, otimizando o tempo do julgador em atividades periféricas. Mas a IA pode mais, elaborando a própria solução ao caso a partir de sua habilidade de interpretar os textos, imagens, falas e confrontá-las aos marcos normativos e precedentes judiciais de sua base de dados, para sentenciar o destino do caso probabilisticamente, sem que o jurisdicionado sequer perceba a ausência da interferência humana neste processo decisório. E esse é o dilema ético a ser abordado.

A DIFERENÇA ENTRE AS CIÊNCIAS DA COMPUTAÇÃO E JURÍDICAS

A crença da correção da resposta da máquina diz com os limites cognitivos e produtivos do ser humano, com destaque à dimensão de sua falibilidade. Tal compreensão encerra a ideia de que a inteligência da criatura superou a do criador ao processar o conjunto infinito de dados, constituindo um verdadeiro dogma, o da perfeição da IA, pois o computador não cometeria os usuais erros praticados pelo homem. Nesta linha de pensamento, a assertividade e produtividade da máquina, em comparação com as do homem, constituem os fatores de justificação moral para o deslocamento da função de julgar da pessoa para o computador.

Essa visão solipsista da inteligência das máquinas, que reduz o julgamento à mera operação silogística de subjunção de fatos à lei, carece de reflexão crítica que ultrapasse a mera resistência em se admitir a obsolescência humana, mesmo porque "não há nada mais familiar ao homem que reconhecer uma sabedoria superior naquele que o oprime" (Tocqueville, 2000, p.12).

Enquanto ciências, há de se considerar a diversidade de bases conceituais e principiológicas entre as exatas e as humanas. Enquanto a certeza algorítmica e logicidade constituem axiomas da computação, o direito não se constitui num sistema hermeticamente fechado, pois se desenvolve de modo anárquico ao revisar o passado para alterar o presente, segundo suas interações com os sistemas político, cultural, religioso e econômico.

Assim, o direito se ocupa em avaliar "elo entre o jurídico e o justo" (Pinto, 2005, p.554) no processo de resolução de conflitos concretos, complexos e por vezes inéditos, segundo uma base de valores em constante mutação, que representam os novos paradigmas de cada geração. Isso importa considerar que os resultados científicos desta ciência nem sempre serão possíveis de se prever a partir das experiências passadas, mediante mera replicação de padrões decisórios, segundo a lógica da previsibilidade.

O justo constitui um axioma de difícil demonstração em abstrato, que incorpora as contínuas alterações de valores sociais, muito embora não perca sua essencialidade como fundamento do direito. Em outras palavras: o que é justo hoje talvez não tenha sido ontem e poderá não vir a ser amanhã, muito embora estabelecer o que é o justo se resuma a problemática do que é julgar atemporalmente.

A INCONSCIÊNCIA DA MÁQUINA COMO LIMITE À FUNÇÃO JUDICANTE

A "palavra sentença vem do latim sentire, que significa sentimento" (Schiavi, 2023, p.21), o que remete à ideia de percepção e discernimento, enquanto expressão do poder do Estado. Julgar, portanto, é mais do que decidir, pois exige a compreensão e o sentimento do que é justo[1], a partir de uma atividade crítica na valoração de provas, que considere as peculiaridades do caso na interpretação do direito e na ponderação entre princípios e valores até certo ponto colidentes. Estabelece-se, assim, uma conexão dos fatos e normas com a condição psicológica do julgador, que investiga a justeza da solução em

---

1 Os romanos já conheciam a necessidade da sensibilidade na aplicação do direito, sintetizado na expressão summum ius, summa iniuria, que abarca a compreensão de que a aplicação rígida do direito pode impedir o atingimento da justiça.

seus múltiplos aspectos jurídicos e sociais[2], que perpassam por suas crenças e formação moral[3].

O juiz não julga só com normatividade, mas também com equidade, o que lhe exige a compreensão do contexto social, histórico e humano das partes envolvidas. Revela notar que a Constituição, ao instituir o "juiz natural" e "duplo grau de jurisdição"[4], de certo modo, referenda a ideia da construção plural das decisões judiciais, a partir de reavaliações que considerem a subjetividades de pessoas diversas, afastando-se da certeza algorítmica expressa em uma única alternativa (passível de ser entregue pela máquina), mas um valor social que reflete o senso de justiça diante de opções possíveis.

Ao reverso, aquilo que poderia ser chamado de consciência do computador não passa de processamento de dados, dentro de uma estrutura causal. A

---

2 A importância de aspectos subjetivos ao julgamento vem reafirmada pela obrigatoriedade de residência do juiz em sua comarca, pois a compreensão da realidade vivida pelas partes compõe um dos vários aspectos do julgamento. O juiz, enquanto autoridade, deve conhecer os valores sociais e comunitários de quem vai ser julgado, não necessariamente perceptíveis como dados objetivos passíveis de rotulação, muito embora sendo vivenciado durante o processo interpretativo decisório. É a convivência com os jurisdicionados que permite a compreensão de suas aspirações e necessidades comunitárias, algo inatingível ao computador.

3 Nesse sentido, França (2002) defende que na "interpretação e aplicação das normas, (o juiz) projeta toda sua formação jurídica, cultural, social, econômica, religiosa, etc., enfim, todos os fundamentos da decisão que irão retratar seu perfil de julgador e cidadão. São chamados elementos extralógicos que compõem o julgado. E é nessa fase derradeira e de extraordinária importância do processo que deve se fazer presente, em toda sua magnitude, a preocupação do magistrado em realizar a Justiça, que, no ensinamento, de Del Vecchio é 'um dos mais altos valores espirituais, senão o mais alto, junto ao da caridade. Sem tal ideal já não tem a vida nenhum valor'".

4 Princípio implícito que se consubstancia no estabelecimento de estrutura recursal.

máquina decide racionalmente usando informações rotuladas e a expectativa de retorno que cada opção identificada oferece, estabelecendo uma relação entre os eventos em que um é o resultado do outro, sem um real sentir o mundo como os humanos. Neste padrão decisório não há interação com a pessoa julgada. Mais: a máquina é desprovida de emoções e outros sentimentos tão caros ao ser humanos, tais quais como medo, vergonha ou desejo sexual, tampouco é capaz de vivenciar valores sociais como justiça, equidade, honra, lealdade, etc., o que constitui um limite de difícil transposição para a IA neste juízo valorativo de provas.

A consciência do sentimento, que não se confunde com sentimentalismo, constitui a peça-chave para a legitimação para manutenção do homem como julgador, pois o padrão estatístico da IA não consegue perceber e experimentar o sofrimento humano, a dor da perda, a injustiça histórica, tampouco detém a capacidade de se indignar diante da injustiça ou de se comover com a dor do próximo, muito menos a capacidade de compreender a relação que se estabelece entre si e os outros, agindo mecanicamente.

A REPLICAÇÃO COMO OBSTÁCULO À EVOLUÇÃO DO DIREITO

O input inicial que alimenta a máquina e forma sua base de dados contém aspectos metajurídicos, de modo que a informação a ser gerada pelo processamento computacional estará impregnada de valores sociais, via de regra implícitos, que não serão considerados no ato de julgar mecânico e probabilístico.

Com efeito, a sociedade, em seu processo evolutivo, internalizou situações de injustiça, dificultando sua identificação e consequente correção, pois incorporadas ao próprio direito (Almeida, 2024, p.130), motivo pelo qual "não é de surpreender, por conseguinte, que construções pretorianas, aviadas à margem da lei, e às vezes contra a respectiva letra, hajam terminado por impelir a rumos novos, porventura inesperados, a comunidade social" (Moreira, 1998, p.23).

A filiação fora do casamento, por exemplo, regulada pelo art. 358 do antigo Código Civil, seguia a tradição portuguesa de que "os filhos incestuosos e os adulterinos não podem ser reconhecidos", a fim de proteger hereditariedade patrimonial da família, o que à época era reproduzido pelos tribunais. A violação dos deveres do matrimônio conduzia à violação do dever alimentar com o produto do ato ilícito por imperativo legal. Teria uma máquina a capacidade de "sentir" esta injustiça estrutural após sua programação acessar à base normativa e jurisprudencial consolidada à época?[5]

A interpretação evolutiva e inovadora, tão necessária aqueles ditos casos difíceis, encontra no emprego da IA um obstáculo, pela incapacidade da máquina em resetar os juízos de valor que compõem sua base de dados. Nesse estado de coisas, a escravidão, a discriminação racial, a homoafetividade e et cetera poderiam ser consideradas ad infinitum saídas corretas a depender dos inputs do juiz-computador, consolidando-se o estado de injustiça a cada feedback da resposta de saída, com a agravante do argumento de autoridade: a IA, que detém maior capacidade de análise e processamento de dados, assim decidiu!

Então, não podendo a IA replicar a criticidade e a inovação necessárias para a solução de injustiças invisíveis, de tão arraigadas que estão no tecido social, que exigem uma disruptura com marcos normativos e o padrão histórico de

5 Tal situação também ocorreu com outras questões sensíveis, como se apreende no reconhecimento de direitos de relações afetivas fora do casamento e, mais atualmente, com os homoafetivos, cuja marcante atuação dos magistrados contra legem superou óbices legais e a jurisprudência até então consolidados, o que destaca o "dever do Judiciário traduzir da melhor forma possível a aplicação da legislação, sem preocupação com o status dos precedentes afetados" (EREsp. n.738.689/PR).

decisões, continua o elemento humano sendo indispensável[6] ao julgamento em razão de sua capacidade crítica revolucionária, inclusive para realização do debugging, a fim de corrigir o algorítimo nestas situações sensíveis, expurgando injustiças sociais ao ensinar a máquina a repensar melhores saídas.

A NECESSIDADE E AS IMPLICAÇÕES DO USO DA IA NO SISTEMA DE JUSTIÇA

A fundamentalidade do acesso à justiça, em sua dimensão instrumental de concretização de direitos, exige o contínuo aperfeiçoamento dos processos produtivos do Poder Judiciário, a fim de preservar a eficiência e celeridade da prestação jurisdicional, o que constitui o grande desafio na sociedade moderna, marcada pela excessiva judicialização.

Os progressos das últimas décadas são notáveis, sobretudo o processo eletrônico, que facilitou o acesso às estruturas judiciais. Contudo, o volume crescente de processos judiciais no Brasil tem colocado à prova a capacidade

---

6 Essa foi a diretriz adotada pelo Supremo Tribunal Federal ao criar modelos de machine learning como a ferramenta chamada "Victor", cuja finalidade é realizar triagens de processos de forma a facilitar a análise da repercussão geral. Esclarecem Maia Filho e Junquilho (2008, p.226): "O objetivo do projeto não é que o algoritmo tome a decisão final, mas sim que, com as máquinas "treinadas" para atuar em camadas de organização dos processos, os responsáveis pela análise dos recursos possam identificar os temas relacionados de forma mais clara e consistente (STF, 2018). Isso vai gerar, em consequência, mais qualidade e velocidade ao trabalho de avaliação judicial, com a redução das tarefas de classificação, organização e digitalização de processos." No mesmo sentido andou o Conselho Nacional de Justiça ao editar a Resolução nº 615 (2025), regulamentando o emprego de técnicas de IA generativa no âmbito do Poder Judiciário, ao incluir dentro dos fundamentos a "centralidade da pessoa humana", "a participação e a supervisão humana em todas as etapas dos ciclos de desenvolvimento e de utilização" das soluções que adotem técnicas de inteligência artificial.

do sistema de justiça de oferecer respostas rápidas e eficazes ao jurisdicionado, o que cobra soluções organizacionais que gestionem os milhões de processos sem julgamento, com o escopo de alcançar parâmetros razoáveis e aceitáveis de duração dos litígios, sem comprometer a qualidade da jurisdição ou aumentar as despesas orçamentárias.

Nessa toada, a IA está cada vez mais presente em diversos aspectos da vida humana, não sendo essa realidade diferente no Poder Judiciário, pois sua capacidade de analisar dados e racionalizar tarefas repetitivas e burocráticas é ímpar, constituindo uma ferramenta de apoio imprescindível para atender a demanda de celeridade neste ambiente congestionado, recomendando seu largo emprego na prestação jurisdicional doravante.

Os ganhos à jurisdição com a IA serão substanciais, inclusive permitindo que o capital humano da instituição mantenha um crescimento linear, o que levou o próprio Conselho Nacional de Justiça a se ocupar da regulamentação destas tecnologias como forma de auxiliar juízes, desembargadores e ministros em sua função judicante, visando ao aumento da produtividade, da celeridade e da eficiência na prestação jurisdicional.

Contudo, como toda a tecnologia disruptiva, a IA também apresenta seus riscos e incertezas, que perpassam pela construção adequada de algoritmos, mas também pelo reconhecimento das limitações enquanto ferramenta auxiliar, na medida em que os dados (inputs) estão impregnados de valores metajurídicos, não detendo a máquina a consciência do certo ou do errado fora destes limites estritos de programação.

Assim, como qualquer outra ferramenta inovadora, não constitui a inteligência artificial a solução definitiva para todos os males do Poder Judiciário, muito menos autoriza a substituição do homem pela máquina, devendo ocupar papel de coadjuvante na atividade jurisdicional, como ferramenta auxiliar do juiz, jamais seu substituto.

REFERÊNCIAS BIBLIOGRÁFICAS

Almeida, L. F. L. (2024). Com a palavra: os magistrados. In M. E. B. Tubino & E. Kaminski. Reconstruindo vidas: hora - homens, orientação, reflexão, atendimento (pp.130-133). Ellus.

Almeida, L. F. L. (In press). A descriminalização das drogas na perspectiva política.

Amazon Web Services. (n.d.). Qual é a diferença entre aprendizado supervisionado e não supervisionado? Acesso em 06 de abril de 2025, https://aws.amazon.com/pt/compare/the-difference-between-machine-learning-supervised-and-unsupervised/

Brasil. Constituição da República Federativa do Brasil, de 05 de outubro de 1988. Acesso em 06 de abril de 2025, https://www.planalto.gov.br/ccivil_03/constituicao/constituicao.htm

Brasil. Lei. n. 3.071, de 1º de janeiro de 1916. Código Civil dos Estados Unidos do Brasil. Diário Oficial da União. Rio de Janeiro, DF, 5 de janeiro de 1916. Acesso em 06 de abril de 2025, https://www.planalto.gov.br/ccivil_03/leis/l3071.htm

Brasil. Lei n. 11.419, de 19 de dezembro de 2006. Dispõe sobre a informatização do processo judicial; altera a Lei no 5.869, de 11 de janeiro de 1973 – Código de Processo Civil; e dá outras providências. Diário Oficial da União. Brasília, DF, 20 de dezembro de 2006. Acesso em 06 de abril de 2025, https://www.planalto.gov.br/ccivil_03/_ato2004-2006/2006/lei/l11419.htm

Brasil. Superior Tribunal de Justiça (5ª Turma). Embargos de Divergência em REsp n. 738.689/PR. Embargante: Dalmaci Curtume Ltda. Embargado: Fazenda Nacional. Relator: Ministro Teori Albino Zavascky, em 22 de outubro de 2007. Voto vencido do Ministro Herman Benjamin. Acesso em 06 de abril de 2025, https://processo.stj.jus.br/processo/pesquisa/?tipoPesquisa=tipoPesquisaNumeroRegistro&termo=200600432413&totalRegistrosPorPagina=40&aplicacao=processos.ea

Brasil. Superior Tribunal de Justiça (5ª Turma). Habeas Corpus n. 193.025/SP. Relator Jorge Mussi, 06 de setembro de 2011. Acesso em 06 de abril de 2025, https://scon.stj.jus.br/SCON/GetInteiroTeorDoAcordao?num_registro=201002282141&dt_publicacao=21/09/2011

Cappelletti, M. & Garth, B. (1988). Acesso à justiça. Tradução: Ellen Gracie Northfleet [1978]. Fabris.

Coelho, F. U. (2007). Judiciário brasileiro ainda reluta a avanços tecnológicos. Acesso em 06 de abril de 2025, https://www.conjur.com.br/2007-set-08/judiciario_ainda_reluta_avancos_tecnologicos/

Colafemina, M. (2025). Tribunais brasileiros cumprem maioria das metas de 2024 do CNJ. Acesso em 06 de abril de 2025, https://www.conjur.com.br/2025-jan-22/tribunais-cumprem-maioria-das-metas-do-cnj-para-2024-mas-menos-recursos-repetitivos-foram-julgados/]

Conselho Nacional de Justiça (2020). Poder Judiciário e tecnologia: das origens do PJe à Justiça 4.0. Acesso em 06 de abril de 2025, https://www.cnj.jus.br/poder-judiciario-e-tecnologia-das-origens-do-pje-a-justica-4-0/

Conselho Nacional de Justiça. (2024, mai.). Justiça em Números 2024: Barroso destaca aumento de 9,5% em novos processos. Acesso em 06 de abril de 2025, https://www.cnj.jus.br/justica-em-numeros-2024-barroso-destaca-aumento-de-95-em-novos-processos/

Conselho Nacional de Justiça. Resolução nº 420, de 29 de setembro de 2021. Acesso em 06 de abril de 2025, https://atos.cnj.jus.br/atos/detalhar/4133

Conselho Nacional de Justiça. Resolução nº 615, de 11 de março de 2025. Acesso em 06 de abril de 2025, https://atos.cnj.jus.br/files/original1555302025031467d4517244566.pdf

Conselho Nacional de Justiça. (2024, nov.). Tribunais medem eficiência com meta de reduzir congestionamento processual em 2024. Acesso em 06 de abril de 2025, https://www.cnj.jus.br/tribunais-medem-eficiencia-com-meta-de-reduzir-congestionamento-processual-em-2024/

Dworkin, R. (2002). Levando os direitos a sério. Martins Fonte. Acesso em 06 de abril de 2025, https://www.irib.org.br/app/webroot/publicacoes/diversos003/pdf.PDF

Fant, G. (2025). TJ/SP nega pedido de nulidade de sentença alegadamente escrita por IA. Acesso em 06 de abril de 2025, https://direitoreal.com.br/noticias/tj-sp-nega-pedido-de-nulidade-de-sentenca-alegadamente-escrita-por-ia

França, M. D. M. (2002, out). A disciplina judiciária e a liberdade intelectual do magistrado. Revista LTr: legislação do trabalho, 66(10), 1165-1167.

Habermas, J. (2003). Direito e democracia: entre facticidade e validade (Vol. I). Tempo Brasileiro.

López, J. A. (2022). O golem: um homem de barro no gueto de Praga. Acesso em 06 de abril de 2025, https://www.nationalgeographic.pt/historia/o-golem-um-homem-barro-no-gueto-praga_2907

Nunes, M. L. (2022). Justiça atrasada não é Justiça, senão injustiça qualificada e manifesta. Acesso em 06 de abril de 2025, https://www.larissareis.adv.br/publicacoes/justica-atrasada-nao-e-justica-senao-injustica-qualificada-e-manifesta/

Maia Filho, M. S.; Junquilho, T. A. (2018, set./dez.). Projeto Victor: perspectivas de aplicação da inteligência artificial ao direito. Revista de Direito e Garantias Fundamentais, 19(3), 219-238.

Moreira, J. C. B. (1998). Privatização do Processo? Revista da EMERJ, 1(3), 13-25.

Oliveira, A. (2024). Qual é a verdadeira história de Pinóquio? Conto é ainda mais sombrio. 2024. Acesso em 06 de abril de 2025, https://www.cnnbrasil.com.br/entretenimento/qual-e-a-verdadeira-historia-de-pinoquio-conto-e-ainda-mais-sombrio/

O Tempo. (2025). Bill Gates aponta três profissões que vão sobreviver à inteligência artificial. Acesso em 06 de abril de 2025, https://www.otempo.

com.br/economia/2025/3/29/bill-gates-aponta-tres-profissoes-que-vao-sobreviver-inteligencia-artificial

Pinto, J. A. R. (2005). Processo trabalhista de conhecimento. 7. ed. LTr.

Rabelo, T. (2025). ChatGPT é a nova máquina de escrever? Acesso em 06 de abril de 2025, https://blog.grancursosonline.com.br/chatgpt-e-a-nova-maquina-de-escrever/

Schiavi, M. (2023). Sentença trabalhista aplicada. JusPodivmm. Acesso em 06 de abril de 2025, https://www.editorajuspodivm.com.br/media/juspodivm_material/material/file/JUS2765-Degustacao.pdf

Tigre, P. B. (1998, jan/jun.). Inovação e teorias da firma em três paradigmas. Revista de Economia Contemporânea, (3), 67-111. Acesso em 06 de abril de 2025, https://revistas.ufrj.br/index.php/rec/article/view/19591

Tocqueville, A. D. (2000). A democracia na América: sentimentos e opiniões. Tradução Eduardo Brandão. Martins Fontes.

Wolkart, E. N.; Becker, D. (2022). Tecnologia e precedentes: do portão de Kafka ao panóptico digital pelas mãos da jurimetria. Inteligência Artificial e direito processual: os impactos da virada tecnológica no direito processual. 3ª edição. Jus Podivm.

GOVERNANÇA DE INTELIGÊNCIA ARTIFICIAL NO PODER JUDICIÁRIO: DESAFIOS, OPORTUNIDADES E O CAMINHO PARA UMA JUSTIÇA EQUITATIVA NO BRASIL

Autora: Viviane Ramone Tavares

A Inteligência Artificial tem emergido como uma força transformadora em diversos setores, o Poder Judiciário não é exceção. A promessa de maior eficiência, celeridade processual e otimização de recursos tem impulsionado a adoção de sistemas de IA em tribunais ao redor do mundo, incluindo o Brasil. No entanto, a implementação dessas tecnologias em um domínio tão sensível como a justiça levanta questões complexas e multifacetadas, especialmente no que é pertinente à governança. Modelos e frameworks de governança de IA são fundamentais para garantir que a aplicação dessas tecnologias seja transparente, ética e responsável, além de estar em conformidade com normas regulatórias e princípios de direitos humanos e fundamentais.

A presente reflexão propõe-se justamente a examinar como a inteligência artificial pode ser utilizada como ferramenta que proporcione uma justiça equitativa e, ainda, explorar os desafios e oportunidades inerentes à governança da IA no contexto do Poder Judiciário brasileiro. Busca-se analisar, em um ensaio preliminar, as regulamentações existentes, as preocupações éticas e os riscos associados ao uso da IA, bem como as melhores práticas e os modelos de governança que devem ser adotados para assegurar uma implementação eficaz e justa. Tendo como ponto fulcral a Resolução 615/2025 do CNJ e seus "considerando" traremos a importância da observância de critérios éticos de transparência, responsabilidade, explicabilidade e supervisão humana, elementos cruciais para a construção de um sistema de justiça que utilize a IA promovendo a autonomia dos tribunais. O desenvolvimento de frameworks de governança para IA no contexto judiciário constitui imperativo contemporâneo e irreversível especialmente diante da necessidade de equilíbrio entre a inovação e a responsabilidade social e os direitos fundamentais.

ESTÁGIO ATUAL DA PRODUÇÃO E DO USO DE INTELIGÊNCIA ARTIFICIAL NO PODER JUDICIÁRIO BRASILEIRO

A adoção da inteligência artificial no Poder Judiciário tem sido progressiva e impulsionada pela busca por maior eficiência e pela necessidade de lidar com o crescente volume de processos. Segundo o painel "Estatísticas de Poder Judiciário" (CNJ, 2025), até o dia 30 de abril de 2025, existiam pendentes, no Judiciário, 80.164.591 processos, sendo o tempo médio de 1.417 dias. Neste sentido, a "Meta Nacional 1" do Poder Judiciário 2025 traz como objetivo "julgar mais processos que os distribuídos (todos os segmentos)". Assim, diversos tribunais têm implementado soluções baseadas em IA que vão desde a automação de tarefas repetitivas, como a classificação e triagem de processos, até sistemas mais complexos de análise preditiva e auxílio à decisão. O "Painel da pesquisa sobre inteligência artificial 2023", atualizado em 06 de março de 2025 (CNJ, 2025), reporta a presença de 140 (cento e quarenta) projetos de IA, sendo que as motivações que atingiram maiores notas (nota mínima 1 e nota máxima 5) foram exatamente: "eficiência e agilidade" (4,76); "aumento da precisão e consistência de tarefas repetitivas" (4,16) e "busca por inovação nos processos internos" (4,15). O Conselho Nacional de Justiça (CNJ) tem desempenhado um papel fundamental nesse processo, estabelecendo diretrizes e regulamentações para o uso da IA no âmbito do Poder Judiciário.

Segundo o CNJ (2025), em seu "Relatório de Pesquisa" sobre o uso da IAGen do Poder Judiciário Brasileiro

> (...) observa-se que o uso da ferramenta por magistrados(as) e servidores(as) é significativo (cerca da metade já teve experiência de uso, não necessariamente no exercício das suas atividades no tribunal), sendo o seu emprego nas atividades profissionais considerável (...)
>
> Por outro lado, o interesse na utilização das IAGs é elevado, de modo que o seu emprego tende a aumentar.

Como se vê, a utilização das ferramentas de IA, tanto nas atividades funcionais, tais como ferramentas de pesquisa, busca de julgados ou precedente, quanto nas atividades administrativas, visando eficiência e incremento da celeridade e eficácia do serviço jurisdicional, tem se intensificado sobremaneira, o que reclama a preocupação da governança para a mitigação de danos.

A RESOLUÇÃO 615/2025 DO CNJ

A Resolução nº 615, de 11 de março de 2025, é um marco regulatório essencial que "estabelece diretrizes para o desenvolvimento, utilização e governança de soluções desenvolvidas com recursos de inteligência artificial no Poder Judiciário". A normativa estabelece políticas, delineia princípios e objetivos que devem guiar o desenvolvimento e a aplicação dessas tecnologias. Entre os princípios fundamentais destacam-se: a ética; a transparência; a explicabilidade; a segurança; a privacidade; a não discriminação; a responsabilidade e a centralidade humana. Esses princípios visam assegurar que a IA seja utilizada de forma a aprimorar a prestação jurisdicional respeitando a autonomia dos tribunais; o benefício aos jurisdicionados; o desenvolvimento colaborativo e tecnológico; sempre buscando a eficiência e a qualidade na entrega da prestação jurisdicional, sem, contudo, violar direitos ou comprometer a supervisão humana efetiva.

Fruto de discussões diversas para atualizar a Resolução 332/2020 e adequá-la ao estágio atual da tecnologia, a Resolução 615/25 do CNJ reflete uma evolução na compreensão dos desafios e oportunidades das soluções de IA no Poder Judiciário. A normativa traz a ênfase na imprescindibilidade de uma governança robusta, que inclua a criação do Comitê Nacional de Inteligência Artificial do Judiciário (art. 15) e estruturas de supervisão para garantir a conformidade com os princípios estabelecidos. Além disso, a Resolução destaca a importância do monitoramento contínuo e da avaliação das soluções visando a definição de seu grau de risco (art. 9º). As medidas de governança trazem a determinação de estabelecimento de processos internos aptos a garantir a segurança dos sistemas de IA, os quais devem incluir, no mínimo: medidas de transparência; prevenção e mitigação de potenciais vieses discriminatórios; mecanismos de governança que garantam o acompanhamento contínuo dos sistemas de IA; priorização de soluções interoperáveis; adoção de soluções de código aberto ou comerciais que possibilitem adaptabilidade aos contextos locais; práticas de gestão de produto; incentivo ao desenvolvimento de APIs; permissão do acesso aos relatórios de auditoria e monitoramento e à parametrização ao longo do ciclo da vida da solução.

A Resolução traz ainda capítulo específico quanto ao uso e contratação de modelos de linguagem de larga escala (LLMs) e de outros sistemas de IA generativa (IAGen). Isso para garantir que a sua utilização se realize por meio de acesso habilitado, disponibilizado e, principalmente, monitorado pelos tribunais. Em não havendo essa possibilidade, a contratação direta para uso privado para fins de atividades funcionais do Poder Judiciário dependerá de condições diversas (Art. 19, §3º). A contratação de LLMs, SLMs e IAGens deverá respeitar as diretrizes elencadas no artigo 20.

Restou a cargo do Comitê Nacional de IA no Judiciário a elaboração e a atualização periódica de um manual de boas práticas para o uso correto, ético e eficiente de LLMs e IAGens. Aos tribunais e às suas escolas, restou a promoção da capacitação e de treinamentos continuados.

Importante registro da Resolução 615/25 apreende-se do Capítulo VII "Transparência e Registro no Sinapses" que determina que, independentemente do modelo de IA adotado pelos órgãos do Poder Judiciário, deverão ser observadas as "regras de governança de dados aplicáveis aos seus próprios sistemas computacionais, as Resoluções e as Recomendações do CNJ, a Lei Geral de Proteção de Dados, a Lei de Acesso à Informação, a propriedade intelectual e o segredo de Justiça" (art. 22). A plataforma SINAPSES (CNJ, 2025) é responsável pelo armazenamento, treinamento supervisionado, controle de versionamento, distribuição e auditoria dos modelos de IA.

Preocupação válida da Resolução 615/25 também deve ser pontuada quanto a clareza e simplicidade da linguagem que indique os objetivos e os resultados esperados para utilização da ferramenta de inteligência artificial. Assim como a imprescindibilidade de mecanismos que permitam o acompanhamento contínuo dos referidos sistemas.

CASOS PRÁTICOS E DESAFIOS DA IMPLEMENTAÇÃO DA IA NO PODER JUDICIÁRIO

A implementação de inteligência artificial no âmbito do Poder Judiciário brasileiro[1], conforme anteriormente demonstrado, revela que a ferramenta é empregada pela maioria de magistrados e servidores. Os tribunais estão empenhados no desenvolvimento de diversas iniciativas, destacando-se projetos como o "Victor", "RAFA", "VitórIA" e "MarIA" do Supremo Tribunal Federal; os projetos "Sócrates", "Athos" e "STJ Logos" do Superior Tribunal de Justiça, bem como projetos das mais variadas matizes desenvolvidos pelos tribunais estaduais. Estes são exemplos de iniciativas que buscam otimizar a gestão processual e auxiliar na tomada de decisões.

No entanto, a adoção dessas tecnologias não está blindada de desafios[2] e intempéries. Um desafio significativo configura-se na explicabilidade dos

---

1 O estágio da implementação da governança de IA no Judiciário do Canadá, EU, UK, US e Singapore pode ser analisado por meio do documento "Global AI Governance Law and Policy" (IAPP, 2024): "Jurisdictions worldwide are designing and implementing AI Governance laws and policies commensurate to the velocity and Variety of the risks and opportunities presente by AI-powered Technologies. (...)

This jurisdicitions selected are a small but important snapshot of distinct approaches to AI governance regulation in key global markets. Each article provides a breakdown of the key sources and instruments that govern the strategic, technological and compliance landscape for AI governance in the jurisdiction through voluntary frameworks, sectoral initiatives or comprehensive legislative approaches."

2 Nunes & Malone (2025, p. 367) afirmam que "um dos problemas das novidades tecnológicas no Direito é a velocidade com a qual elas surgem e, por conseguinte, a dificuldade de legislar a tempo".

algoritmos. Em um contexto em que as decisões judiciais[3] afetam diretamente a vida dos jurisdicionados, a compreensão dos sistemas de IA, a possibilidade de auditoria de sua lógica de funcionamento deve desaguar na efetividade da justiça substantiva. Em contrário senso, a presença da opacidade dos algoritmos compromete a explicabilidade e a imprescindível revisão de uma decisão automatizada.

Cantarini et al (2022) questionam

> Como observar o princípio da explicabilidade, e tornar efetivos os direitos à explicação e à revisão de uma decisão automatizada, sem acesso aos parâmetros da tomada de decisão, sendo que em alguns casos necessária a quebra do código fonte, a fim de melhor compreender os aspectos da decisão, envolvendo, pois, os aspectos de acessibilidade e compreensibilidade?

A utilização da IAGen, como o ChatGPT, Gemini, Claude e outros apresenta desafios específicos visto que, a despeito do auxílio que podem ofertar na redação de documentos e na sumarização de processos, não se pode afastar as discussões sobre autoria, a veracidade das informações geradas e a possibilidade de "alucinações", pelo que imprescindível a obediência de diretrizes claras e supervisão humana rigorosa para garantir a confiabilidade e a responsabilidade. O Conselho Nacional de Justiça (CNJ, 2024 p.30) trouxe em seu Relatório de pesquisa sobre o uso da Inteligência Artificial Generativa no Poder Judiciário Brasileiro o "viés de automação: excesso de confiança nos

---

3 Segundo Dezan (2020, p. 517): "A decisão jurídica assistida por sistemas de inteligência artificial depende, portanto, de que sejam observadas as regras de argumentação jurídicas capazes de dotar de validade a interpretação normativa e, pois, o raciocínio jurídico. Por essas vias, a decisão jurídica assistida por sistemas de inteligência artificial repousa sobre regras de validade do raciocínio e da argumentação, bem como na estrutura das normas postas."

resultados da ferramenta" como o "risco mais preocupante no que tange à prestação de serviço jurisdicional".

Outro dilema pode ser, como nos instigam Vale & Pereira (2023, p.103), "investigar em que medida a inteligência artificial pode configurar um modelo de apoio, com acurácia substancial, contraditório dinâmico e explicabilidade adequada"[4].

Atheniense & Marques-Neto (2024, p.11) afirmam

> a proliferação de normas regulatórias individualizadas por cada tribunal, emanadas no âmbito de sua jurisdição, regulando o uso da IA, pode criar um cenário de fragmentação normativa que comprometa a segurança jurídica e a própria legalidade dos atos processuais automatizados

A aplicação prática da Resolução 615/25 quanto à composição das equipes durante todo o ciclo de desenvolvimento e implementação das soluções que utilizem IA no que é pertinente à sua diversidade e representatividade (art. 35, caput e § 1º) por certo também se configura como desafio para o administrador.

---

4 Segundo Vale & Pereira (2023, p.105): "Nesse aspecto, parece-nos que modelos algoritmos de inteligência artificial possa ajudar no controle da intersubjetividade supramencionada que se faz necessária para corroborar o devido processo legal tecnológico que emerge nos tempos atuais (...)

A tecnologia, em si própria, não é boa ou ruim, mas, sim, os valores e p, em si própria, não é boa ou ruim, mas, sim, os valores e propósitos que empregamos a ela. Uma das aplicações benéficas da Inteligência Artificial é exatamente, considerando a vasta quantidade de dados que temos, promover o conhecimento daquilo que se mostrava, até então, oculto, desconhecido.

Uma das dificuldades está em conferir integridade, uma vez que essa envolve a temporalidade presente, a renovação jurídica necessária para o implemento do fenômeno jurídico."

Especialmente quando se analisa a determinação da norma de que tais equipes sejam compostas por profissionais do direito, da tecnologia da informação e de outras áreas relevantes (art. 35, §3º) o que, para a sua efetividade, deveria contar com sociólogos, psicólogos, linguistas e outros profissionais que analisem o ser humano e sua complexidade.

PRINCÍPIOS E MODELOS DE GOVERNANÇA DE INTELIGÊNCIA NO PODER JUDICIÁRIO

A governança da inteligência artificial no Poder Judiciário deve ser fundamentada por princípios sólidos e modelos que garantam a segurança, a transparência, a responsabilidade e a equidade. A experiência internacional e as discussões acadêmicas e interdisciplinares oferecem insights valiosos para a construção de um framework de governança eficaz.

Os princípios éticos e de governança da inteligência artificial são a base para uma implementação responsável. Tratando-se de uso no Poder Judiciário, o artigo 3º da Resolução 615/25 apresenta como princípios:

> I – a justiça, a equidade, a inclusão e a não-discriminação (...);
>
> II - a transparência, a eficiência, a explicabilidade, a contestabilidade, a auditabilidade e a confiabilidade (...);
>
> III – a segurança jurídica e a segurança da informação;
>
> IV – a busca da eficiência e qualidade na entrega da prestação jurisdicional (...) observância dos direitos fundamentais;
>
> V – o devido processo legal, a ampla defesa e o contraditório, a identidade física do juiz e a razoável duração do processo (...);

VI – a prevenção, a precaução e o controle quanto a medidas eficazes para a mitigação de riscos (...);

VII – a supervisão humana efetiva (...);

VIII – a oferta (...) de capacitação contínua (...).

Os princípios acima elencados são de vital importância visto que a inteligência artificial deve se prestar como uma ferramenta de apoio, de auxílio e de aprimoramento da capacidade humana e nunca em substituição à atividade humana, especialmente em decisões críticas que afetem direitos fundamentais. A centralidade humana e a possibilidade de sua intervenção são essenciais para garantir a justiça e a equidade.

No que é pertinente à transparência e explicabilidade, espera-se não necessariamente a divulgação do código-fonte, mas sim a capacidade de compreensão da lógica que fundamenta a decisão algorítmica e os critérios utilizados. A governança eficaz envolve a possibilidade de identificação do responsável pelos resultados gerados pela IA e ainda a auditabilidade, visando a correção de vieses, erros ou falhas. A avaliação de impacto da inteligência artificial (AIIA) é uma ferramenta crucial nesse sentido, permitindo a identificação e a mitigação proativa de riscos.

Os sistemas de inteligência artificial devem ser desenvolvidos e utilizados de forma a evitar discriminação[5] e promover a equidade. A utilização de

---

5 O documento "AI Impact Assessment: the tool for a responsible AI project" (MIWM, UK., p.21) orienta:

"Data quality is essential for the effective operation of an AI system. There are good reasons why the term 'garbage in = garbage out' exists. In addition, data collected may for example contain socially constructed bias, inaccuracies, errors and mistakes (see also 'Bias'). This needs to be addressed before these data are put to any further use.

To do this, you should use the FAIR principles (Findable, Accessible, Interoperable and Reusable) and the closely related FACT (Fair, Accurate, Confidential and Transparent)

dados balanceados e a constante avaliação dos algoritmos é uma técnica válida para a identificação e a correção de vieses que possam acarretar resultados injustos. A proteção de dados pessoais e a segurança dos sistemas de IA são fundamentais, especialmente em um ambiente que lida com informações sensíveis. A conformidade com a LGPD (Lei Geral de Proteção de Dados) e outras regulamentações de privacidade é imperativa.

Diversos modelos de governança de inteligência artificial[6] têm sido propostos e implementados em diversos contextos. Com o foco no uso e desenvolvimento pelo Poder Judiciário a combinação de abordagens regulatórias, institucionais e técnicas se apresenta como eficaz. A Resolução n. 615/25 traz, em seu artigo 12, a obrigatoriedade de estabelecimento de processos internos aptos à garantia da segurança dos sistemas de IA, os quais deverão incluir, "ao menos": medidas de transparência quanto ao emprego e à governança dos sistemas de IA; prevenção e mitigação de viés discriminatório; mecanismos de acompanhamento contínuo dos sistemas de IA; prioridade de soluções interoperáveis; adoção de soluções de código aberto ou comerciais adaptáveis aos contextos locais; as soluções de IA devem ser tratadas com

---

principles as inspiration. These principles are used within the GDPR. The datasets and working procedure will need to be tested and documented at every step: training, testing, roll-out phase and operational phase. This also applies to AI systems that have not been built in-house, but have been acquired."

6 Nunes & Malone (2025, p.370) afirmam:

"Quando se fala em implementação de modelos de inteligência artificial, é comum a alusão na área técnica de que se deve sempre respeitar os fundamentos do acrônimo TREPES 'transparência', 'responsabilidade', 'equidade', 'prestação de contas', 'explicabilidade' e 'sustentabilidade' como ideais norteadores de uma concepção legítima de seus conteúdos. Embora não haja consenso sobre em que consiste cada um dos princípios, a Carta Europeia de ética sobre o uso da IA no sistema de justiça vem se apresentando como um dos mais conhecidos documentos sobre o tema, o qual representa a base na formulação dos princípios explicitados pelo CNJ na Resolução n. 332/2020 e sua regulamentação, a Portaria n. 271/2020"

práticas de gestão de produto[7]; incentivo ao desenvolvimento de APIs e acesso de órgãos relatórios de auditoria e monitoramento.

Diante da complexidade dos sistemas de inteligência artificial, outros modelos são sugeridos. A criação de comitês de governança compostos por especialistas em direito, tecnologia, ética e ciências sociais permite uma melhor supervisão da implementação, uma mais profunda avaliação de seus impactos e uma célere proposição de ajustes. Os comitês, contudo, para que tragam a eficiência esperada, deverão contar com autonomia e capacidade de tomada de decisões estratégicas e operacionais.

A aplicação sistemática de ferramentas de AIIA (Avaliação de Impacto da Inteligência Artificial) ou impacto algorítmico permite a identificação e mitigação de riscos em todas as fases do ciclo de vida de um sistema de IA, desde a concepção até a implementação e o monitoramento. Isso garante que os benefícios da IA superem seus riscos e que a tecnologia seja utilizada de forma responsável.

O Governo Federal (2025, p. 23) lançou cartilha em que apresenta algumas recomendações e boas práticas no serviço público, asseverando que

> Ao lidar com IAG, é necessário adotar uma abordagem consciente para evitar riscos como o vazamento de dados sensíveis, disseminação de informações enganosas e interpretações equivocadas de resultados. Isso reflete um compromisso com a ética, a privacidade e a segurança, especialmente no contexto da administração pública.

---

7 "O Instituto Alan Turing (Reino Unido) publicou recentemente um relatório intitulado 'Compreendendo a ética e a segurança da inteligência artificial: um guia para o design e implementação responsável de sistemas de IA no setor público'. Um elemento importante do relatório é que as ferramentas de IA no setor público devem ser constantemente testadas quanto à acurácia, confiabilidade, segurança, robustez e equidade dos resultados" (Brehm et. al, 2020, p.37)

Não se pode olvidar da existência de regras ISO que dispõe sobre sistemas de gestão da IA (ISO/IEC 42001); gestão de riscos da IA (ISO 23894); conceitos de IA e terminologia (ISO 22989) e governança de TI: implicações de governança do uso de IA pelas organizações (ISO 38507).

PERSPECTIVAS PARA O FORTALECIMENTO DA GOVERNANÇA DE IA NO PODER JUDICIÁRIO

Para que a inteligência artificial possa cumprir seu potencial de aprimorar a justiça, é imperativo fortalecer sua governança no Poder Judiciário o que envolve uma abordagem multifacetada que combine avanços regulatórios, institucionais, culturais e literacia. O investimento em P&D (Pesquisa e Desenvolvimento) em inteligência artificial no Poder Judiciário é fundamental para o desenvolvimento de soluções que sejam, não apenas eficientes, mas também éticas e seguras[8]. Isso inclui uma pesquisa sobre métodos para mitigar vieses algorítmicos, aprimorar a explicabilidade dos sistemas e garantir a privacidade[9] dos dados. A inovação responsável deve ser incentivada com

---

8 O PBIA (Plano Brasileiro de Inteligência Artificial), após apresentar seus objetivos na busca da melhoria da vida dos brasileiros; no posicionamento do país na vanguarda tecnológica; no desenvolvimento de LLMs para IA em português e o fortalecimento da liderança global do país, afirma em seu prefácio que: "Para alcançar esses objetivos, o Plano enfatiza a necessidade de investimentos significativos e de longo prazo em P&D, com a criação de mecanismos para incentivar maior participação do setor privado. Fomenta a colaboração entre academia e indústria, além de apoiar o estabelecimento de um arcabouço regulatório propício à inovação responsável. Deste modo, o Pbia se alinha a outras iniciativas regulatórias em curso nos âmbitos legislativo, Judiciário e executivo" (MCTI, 2025).

9 Sampaio et al (2024, p.36) orienta que "as diretrizes para assegurar a confidencialidade, anonimato e proteção dos dados dos participantes deve ser a

a colaboração entre academia, centros de pesquisa, tribunais, empresas de tecnologia e sociedade civil para o desenvolvimento de inteligência artificial[10] que atenda às necessidades específicas do sistema de justiça e esteja alinhada com os princípios de direitos humanos.

A literacia, a capacitação de magistrados, servidores e demais profissionais do Direito é um pilar essencial para a governança da inteligência artificial. Programas de educação e formação continuada devem ser desenvolvidos para familiarizar esses profissionais com os conceitos, as aplicações, as potencialidades e as limitações da IA. O letramento em IA não se restringe apenas ao uso técnico das ferramentas, mas abrange a compreensão dos impactos éticos, sociais e jurídicos da tecnologia, capacitando os profissionais a tomar decisões informadas e a exercer a supervisão humana efetiva sobre os sistemas de IA.

O avanço célere e contínuo da inteligência artificial não tem por finalidade a substituição do elemento humano nas atividades do Poder Judiciário, mas sim para, enquanto ferramenta, auxiliar a que sejam atingidas suas metas. A IA, nesse contexto, se configura como ferramenta de apoio, otimizando processos, fornecendo insights e liberando os servidores para que se concentrem em tarefas que exigem discernimento, empatia e complexidade do raciocínio jurídico humano.

A centralidade humana na tomada de decisões judiciais é um princípio inegociável. A inteligência artificial pode processar vastas quantidades de informações, identificar padrões e até mesmo sugerir soluções, mas, sempre

---

primeira preocupação em seu uso, especialmente se a solução usa dados fornecidos para o treinamento do próprio modelo. Ao se tratar de dados biométricos, com implicações para a segurança pessoal, nunca associe arquivos de voz a determinado individuo, identificando-o. Novamente, evite utilizar estas ferramentas para dados sensíveis e inéditos".

10 Ainda segundo Sampaio et al (2024) "o papel da governança é articular as repercussões da IA sobre indivíduos, comunidades e instituições" (p. 45)

e em qualquer hipótese, a decisão (e, por consequente, a responsabilidade) é humana, especialmente quando se está diante de processos judiciais que envolvam direitos fundamentais. O parágrafo único do artigo 32 da Resolução n. 615/25 determina que "em nenhum momento o sistema de IA poderá restringir ou substituir a autoridade final dos usuários internos".

Os sistemas de IA devem ser projetados com transparência e explicabilidade de modo a permitir ao magistrado a compreensão da lógica por trás das sugestões da ferramenta e, a partir daí, possa exercer seu julgamento crítico e sua autonomia[11]. Não se pode afastar a oportunidade de aprimoramento da eficiência da prestação jurisdicional por meio da interação humano-máquina. Ao automatizar tarefas repetitivas e burocráticas, a inteligência artificial permite que magistrados e servidores dediquem mais tempo à análise aprofundada de casos complexos, à pesquisa jurídica e ao atendimento das partes. Isso, por certo, acarretará decisões mais bem fundamentadas, uma maior celeridade processual e a um acesso mais equitativo à justiça.

SÍNTESE REFLEXIVA

A presente investigação sobre a governança de inteligência artificial no Poder Judiciário Brasileiro revela um panorama de transformação significativa, no qual as promessas de eficiência e celeridade se entrelaçam com desafios complexos de implementação responsável. A análise dos dados apresentados evidencia que a utilização de ferramentas de inteligência artificial no sistema

---

11 Consta do "final report" elaborado pela United Nations em colaboração com AI Advisory Body (2024, p.7): "Moreover, no one currently understand all of AI's inner workings enough to fully control its outputs or predict its evolution. Nor are decision makers held accountable for developing, deploying or using systems they do not understand. Meanwhile, negative spillovers and downstream impacts resulting from such decisions are also likely to be global."

judiciário não constitui mais uma possibilidade futura, mas sim uma realidade atual que demanda atenção imperativa às questões de governança.

A Resolução 615/2025 (substitutiva da Resolução 332/2020) emerge como um marco regulatório fundamental, estabelecendo princípios que transcendem as questões meramente técnicas para abranger dimensões éticas e sociais. Os princípios de transparência, explicabilidade, não discriminação e supervisão humana refletem uma compreensão madura de que a tecnologia deve servir à justiça, e não ser servida. A criação do Comitê Nacional de Inteligência Artificial no Judiciário representa um avanço institucional significativo na direção de uma governança estruturada e responsável, além de propiciar uma constante adequação e atualização da norma.

Todavia, os desafios identificados desnudam a complexidade inerente à implementação da IA em contextos sensíveis como o Poder Judiciário. A questão da explicabilidade dos algoritmos emerge como um dilema central se confrontado com a Constituição Federal em seu artigo 93, IX: como garantir que decisões que afetem direitos fundamentais sejam compreensíveis e auditáveis? O paradoxo da opacidade algorítmica confronta diretamente os princípios do devido processo legal e da ampla defesa, exigindo soluções que equilibrem eficiência tecnológica com transparência processual.

No atual estágio da arte tecnológica, ferramentas de IA generativa introduzem riscos específicos que merecem atenção primordial. Os fenômenos da "alucinação", o viés de automação, identificado pelo CNJ como um risco importante evidenciam que a supervisão humana não pode ser relegada a segundo plano. A confiança excessiva em resultados automatizados e a banalização da governança, por certo, comprometem a qualidade e a validade da prestação jurisdicional e, consequentemente, a confiança pública no sistema de justiça.

Fundamentalmente, a reflexão desenvolvida reafirma que a inteligência artificial no Poder Judiciário deve ser concebida como ferramenta de apoio e aprimoramento da capacidade humana, jamais como substituto da decisão judicial. A trajetória da implementação de IA no Poder Judiciário sugere que o êxito dessa transformação dependerá da capacidade de equilibrar inovação tecnológica com responsabilidade social, respeito à proteção de dados pessoais (especialmente os dados sensíveis), eficiência operacional com garantias processuais e automação com supervisão humana. O caminho para uma justiça equitativa mediada por tecnologia requer vigilância contínua, adaptação e, sobretudo, um compromisso inegociável com os valores fundamentais do Estado de Direito.

Neste contexto, a governança de inteligência artificial no Poder Judiciário não se configura apenas como uma questão técnica ou administrativa, mas como um imperativo ético e democrático que definirá o futuro da justiça. A responsabilidade compartilhada entre todos os atores (tribunais, reguladores, profissionais do direito e sociedade civil) será determinante para garantir que as promessas da IA se concretizem em benefício de todos os jurisdicionados, promovendo uma justiça mais acessível, eficiente e, acima de tudo, equitativa.

REFERÊNCIAS BIBLIOGRÁFICAS

Atheniense, A., & Marques-Neto, H.T. (2024). Governança da Inteligência Artificial no Poder Judiciário Brasileiro: desafios regulatórios e riscos da fragmentação normativa na era digital. Revista EJEF, 3(5). Acesso em 14 de junho de 2025, https://revistaejef.tjmg.jus.br/index.php/revista-ejef/article/download/74/65/174

Brasil. Conselho Nacional de Justiça. Estatísticas do Poder Judiciário. Acesso em 14 de junho de 2025, https://justica-em-numeros.cnj.jus.br/painel-estatisticas/

Brasil. Conselho Nacional de Justiça. Metas Nacionais do Poder Judiciário. Acesso em 14 de junho de 2025, https://justica-em-numeros.cnj.jus.br/painel-metas/

Brasil. Conselho Nacional de Justiça. O uso da inteligência artificial generativa no Poder Judiciário Brasileiro: relatório de pesquisa. Acesso em 14 de junho de 2025, https://www.cnj.jus.br/wp-content/uploads/2024/09/cnj-relatorio-de-pesquisa-iag-pj.pdf

Brasil. Conselho Nacional de Justiça. Resolução n. 615, de 11 de março de 2025. Estabelece diretrizes para o desenvolvimento, utilização e governança de soluções desenvolvidas com recursos de inteligência artificial no Poder Judiciário. Acesso em 14 de junho de 2025, https://atos.cnj.jus.br/files/original1555302025031467d4517244566.pdf

Brasil. Conselho Nacional de Justiça. Sistemas. Plataforma Sinapses. Inteligência Artificial. Acesso em 14 de junho de 2025, https://www.cnj.jus.br/sistemas/plataforma-sinapses/

Brasil. Governo Federal. IA generativa no serviço público. Acesso em 14 de junho de 2025, https://www.gov.br/governodigital/pt-br/infraestrutura-nacional-de-dados/inteligencia-artificial-1/ia-generativa-no-servico-publico.pdf.

Brasil. Ministério da Ciência, Tecnologia e Inovação – MCTI; Centro de Gestão e Estudos Estratégicos – CGEE. (2025). IA para o bem de todos: Plano Brasileiro de Inteligência Artificial. Brasília, DF: MCTI; CGEE. Acesso em 17 de junho de 2025, https://www.cgee.org.br/documents/10195/11009772/CGEE_PBIA.PDF

Cantarini. P., Guerra, W. S.,& Rivelli, F. (2022). Governança de algoritmos e marco legal da IA no Brasil. Migalhas. Acesso em 14 de junho de 2025, https://www.migalhas.com.br/coluna/ia-em-movimento/359217/governanca-de-algoritmos-e-marco-legal-da-ia-no-brasil.

Dezan, S. L. (2020). Desafios à transparência, à publicidade e à motivação da decisão judiciária assistida por sistemas de inteligência artificial no processo administrativo valorativo. In H. A. Pinto, J. C. Guedes, & J. P. C. César (Coords.). Inteligência artificial aplicada ao processo de tomada de decisões (pp.513-538). D' Plácido.

IAPP. (2024). Global AI Governance Law and Policy Series. Acesso em 17 de junho de 2025, https://iapp.org/media/pdf/resource_center/global_ai_governance_law_policy_series.pdf.

ITS Rio (2020). O futuro da IA no Judiciário Brasileiro. Acesso em 14 de junho de 2025, https://itsrio.org/wp-content/uploads/2020/07/TRADUC%CC%A7A%CC%83O-The-Future-of-AI-in-the-Brazilian-Judicial-System.pdf.

Ministry of Instrastructure and Water Management (I&W). (2024). AI Impact Assessment: The tool for a responsible AI project. Acesso em 16 de junho de 2025, https://br.search.yahoo.com/search?fr=mcafee&type=E210BR1591G0&p=Ministry+of+Infrastructure+and+Management+(I%26W).+(2024).+AI+Impact+Assessment%3A+The+tool+for+a+responsible+AI+project.

Nunes, D. & Malone, H. (2025). Manual de justiça digital: Compreendendo a Online Dispute Resolution, os Tribunais Híbridos e a Inteligência Artificial Analítica e Generativa no Direito (3ª edição), JusPodivm.

Sampaio, R. C., Sabbatini, M., & Limongi, R. (2024). Diretrizes para o uso ético e responsável da Inteligência Artificial Generativa: um guia prático para pesquisadores. São Paulo: Editora Intercom. Acesso em 14 de junho de 2025, https://prpg.unicamp.br/wp-content/uploads/sites/10/2025/01/livro-diretrizes-ia-1.pdf

United Nations. (2024). Governing AI for Humanity: Final Report. Acesso em 16 de junho de 2025, https://digitallibrary.un.org/record/4062495?v=pdf#files

Vale, L. M. B., & Pereira, J. S. S. S. (2023). Teoria geral do processo tecnológico. Thomson Reuters.

INTELIGÊNCIA ARTIFICIAL E OS TRIBUNAIS DE CONTAS NO BRASIL

Autor: Marcio Henrique Cruz Pacheco

A Inteligência Artificial (IA) desponta como uma das inovações tecnológicas mais transformadoras do século XXI, com impactos profundos em setores como saúde, educação, indústria e administração pública. No contexto governamental, a IA tem sido utilizada como uma ferramenta estratégica para otimizar processos, ampliar a transparência e aumentar a eficiência na gestão de recursos. A crescente digitalização dos serviços públicos tem impulsionado o uso da IA permitindo que decisões mais rápidas e precisas sejam tomadas a partir da análise de grandes volumes de dados. Além disso, essa tecnologia pode reduzir custos operacionais, aumentar a previsibilidade e melhorar a alocação de recursos públicos, fatores essenciais para uma administração mais eficiente e responsável.

Os Tribunais de Contas, enquanto órgãos responsáveis pelo controle externo e fiscalização dos gastos públicos, têm incorporado essas tecnologias com o intuito de modernizar suas práticas e responder às demandas de um ambiente cada vez mais digital e orientado por dados. Esses tribunais desempenham um papel crucial na garantia de que os recursos públicos sejam usados de maneira eficiente e dentro dos limites legais, o que torna a adoção de IA uma estratégia fundamental para enfrentar os desafios contemporâneos de fiscalização e controle. A inteligência artificial, ao permitir a automação de tarefas repetitivas e a análise de grandes volumes de dados, tem se mostrado uma aliada importante na melhoria da eficiência desses órgãos.

O uso da IA nesses tribunais tem contribuído para a automação de tarefas repetitivas, a análise de grandes volumes de informações e a identificação de padrões que seriam de difícil detecção manual. Ferramentas como o ALICE e o SOFIA, desenvolvidas pelo Tribunal de Contas da União (TCU), e a ANIA, do Tribunal de Contas do Estado de São Paulo (TCESP), são exemplos de soluções que têm agilizado a análise de editais, orientado auditores e promovido maior celeridade na prestação de contas. Estas ferramentas não só otimizam os processos internos, como também asseguram que os dados sejam tratados de forma mais precisa e com maior agilidade, o que reduz a margem de erro e melhora a qualidade da fiscalização. Iniciativas semelhantes também surgiram em tribunais como o TCE de Rondônia, com o ContaAI, e o TCM da Bahia, com o sistema Barbosa, ampliando a utilização da IA em diferentes contextos e melhorando o acompanhamento de gastos públicos e a análise de irregularidades.

Apesar dos avanços, a adoção da IA por essas instituições ainda enfrenta obstáculos importantes, como a necessidade de qualificação técnica das equipes, a contratação de serviços especializados, a resistência à inovação e os desafios éticos e regulatórios. Questões como a proteção de dados, a mitigação de vieses algorítmicos e a definição de limites claros para a atuação da IA no processo decisório são centrais para garantir uma implementação responsável. A resistência à mudança, especialmente em um setor tão tradicional quanto o controle público, tem sido um desafio, e a capacitação contínua das equipes envolvidas é fundamental para garantir que os benefícios da tecnologia sejam plenamente aproveitados. Além disso, as questões éticas associadas ao uso da IA, como a transparência dos algoritmos e a responsabilidade pelas decisões automatizadas, precisam ser endereçadas de forma clara para evitar a desconfiança da sociedade nas instituições.

Este capítulo tem como objetivo analisar até que ponto a Inteligência Artificial pode ser utilizada pelos Tribunais de Contas, considerando suas funções constitucionais e os princípios da administração pública. Para isso, foi realizada uma pesquisa qualitativa baseada na revisão de literatura sobre o tema e na análise de casos concretos de uso de IA em diversos Tribunais de Contas brasileiros. A análise busca avaliar o impacto da IA na melhoria da transparência e da prestação de contas, bem como os riscos de sua implementação, como a possibilidade de erros no tratamento de dados ou o uso indevido da tecnologia. A partir dessa investigação, busca-se compreender os benefícios e riscos associados à tecnologia, bem como os limites normativos, operacionais e éticos de sua aplicação. A reflexão sobre os limites da IA é essencial para garantir que a sua implementação não ultrapasse os princípios da legalidade, impessoalidade, moralidade, publicidade e eficiência, que orientam a administração pública.

Dessa forma, pretende-se contribuir para o debate sobre a modernização do controle externo e a construção de diretrizes que orientem um uso equilibrado e eficaz da IA, que respeite os direitos fundamentais e reforce a confiança da sociedade nas instituições de fiscalização. Um uso responsável da IA não só melhora a gestão pública, mas também fortalece a legitimidade dos tribunais de contas e sua capacidade de fiscalizar e assegurar a correta aplicação dos recursos públicos.

INTELIGÊNCIA ARTIFICIAL NA ADMINISTRAÇÃO PÚBLICA

A Inteligência Artificial (IA) generativa, que se refere a sistemas capazes de criar conteúdo a partir de dados existentes, tem se destacado no setor público globalmente por sua capacidade de aprimorar a eficiência administrativa, facilitar o acesso à informação e melhorar a prestação de serviços aos cidadãos. Essa tecnologia, que inclui modelos avançados como GPT e DALL-E, permite a geração de textos, imagens, áudios e soluções personalizadas para problemas complexos, revolucionando a forma como os governos interagem com a sociedade e gerenciam recursos. Nos últimos anos, o uso da IA generativa no setor público tem se intensificado, com diversas iniciativas ao redor do mundo que demonstram seu potencial transformador.

No Brasil, algumas instituições públicas estão na vanguarda da implementação da IA generativa, demonstrando como essa tecnologia pode ser aplicada para otimizar processos e melhorar a prestação de serviços. O Tribunal de Contas da União (TCU) desenvolveu o ChatTCU, um assistente virtual que auxilia auditores na coleta e revisão de documentações. Essa ferramenta permite a solicitação de resumos, respostas a perguntas técnicas e consultas administrativas, agilizando processos que antes demandavam tempo e recursos significativos.

Além disso, o Governo Federal, por meio de uma parceria entre o Serviço Federal de Processamento de Dados (Serpro) e a Secretaria de Gestão de Pessoas (SGP), lançou um projeto-piloto que utiliza IA generativa para realizar "pesquisas inteligentes" sobre normativos e regulamentações. Essa iniciativa simplifica o entendimento de mais de 20 mil documentos que regem o trabalho de mais de 1,3 milhão de servidores públicos, tornando a administração mais ágil e eficiente.

Outro exemplo é o Conselho Nacional do Ministério Público (CNMP), que tem investido na capacitação de profissionais sobre o uso de IA generativa, visando otimizar tarefas repetitivas e melhorar a eficiência no atendimento à sociedade. Esses casos ilustram como a IA generativa está sendo adotada no Brasil para modernizar a gestão pública e enfrentar desafios administrativos.

No contexto administrativo, a IA generativa tem sido empregada para automatizar tarefas repetitivas, como o processamento de documentos e a emissão de licenças, reduzindo a carga de trabalho manual e minimizando erros humanos. Além disso, assistentes virtuais e chatbots baseados em IA proporcionam atendimento contínuo ao cidadão, respondendo a perguntas frequentes e auxiliando na resolução de problemas, o que melhora a eficiência dos serviços públicos e a satisfação dos usuários.

A análise preditiva, outra aplicação relevante da IA, permite aos gestores públicos antecipar demandas e identificar áreas que necessitam de atenção especial. Por exemplo, algoritmos de aprendizado de máquina podem analisar dados históricos para prever necessidades de manutenção em infraestruturas públicas, como pontes e estradas, prevenindo falhas e otimizando o uso de recursos. Além disso, a IA tem sido um importante recurso na detecção de fraudes e corrupção, identificando padrões anômalos em transações financeiras e processos licitatórios, fortalecendo a integridade das instituições governamentais.

A automação de processos e a análise preditiva trazem inúmeros benefícios para a fiscalização pública. A eficiência operacional é ampliada à medida que tarefas repetitivas são automatizadas, permitindo que os servidores se concentrem em atividades estratégicas. A detecção proativa de irregularidades se torna mais eficaz, possibilitando a identificação e correção de problemas antes que atinjam um nível crítico. A alocação de recursos também se torna mais eficiente, direcionando esforços para áreas com maior necessidade. Além disso, a transparência e a confiança pública são fortalecidas, uma vez que processos mais eficientes e precisos aumentam a credibilidade das instituições governamentais.

Dessa forma, a integração da Inteligência Artificial generativa no setor público representa um avanço significativo rumo a uma administração mais eficiente, transparente e centrada no cidadão. No entanto, para que os benefícios da IA sejam plenamente aproveitados sem comprometer os valores essenciais da sociedade, é fundamental que sua implementação seja guiada por diretrizes éticas bem estabelecidas e acompanhada de investimentos em capacitação profissional. A IA generativa não é apenas uma ferramenta tecnológica, mas uma oportunidade para transformar a gestão pública, promovendo inovação e melhorando a qualidade de vida dos cidadãos.

O PAPEL DOS TRIBUNAIS DE CONTAS E A IA

Os Tribunais de Contas desempenham um papel essencial no sistema de controle externo, sendo responsáveis pela fiscalização da gestão fiscal e financeira dos recursos públicos. Suas atribuições incluem a análise das contas governamentais, auditorias de contratos e licitações, além da emissão de pareceres técnicos sobre a legalidade e economicidade dos atos administrativos. Essa atuação é fundamental para garantir a transparência e a conformidade dos gastos públicos com a legislação vigente, promovendo a responsabilização dos gestores e a correta aplicação dos recursos em benefício da sociedade. Com a crescente pressão por maior eficiência e a necessidade de respostas rápidas em um cenário cada vez mais complexo, os Tribunais de Contas buscam constantemente inovações que potencializem seu papel de fiscalização.

Com os avanços tecnológicos, especialmente no campo da Inteligência Artificial (IA), os Tribunais de Contas têm incorporado tecnologias emergentes para aprimorar suas atividades de auditoria e fiscalização. A adoção de IA permite a automação de processos, análise de grandes volumes de dados e identificação de padrões que auxiliam na detecção de irregularidades, elevando a precisão e agilidade das análises e permitindo uma atuação mais proativa e preventiva. Essa transformação digital não apenas melhora a eficiência dos processos internos, mas também permite que os tribunais atuem de maneira mais efetiva na prevenção de desperdícios e corrupção, ao identificar sinais de irregularidades com maior rapidez e precisão.

Um exemplo notável de inovação é o Tribunal de Contas do Estado de São Paulo (TCESP), que implementou a Assistente Natural com Inteligência Artificial (ANIA) em 2023. Baseada na tecnologia do ChatGPT, a ANIA agiliza a análise de documentos, proporcionando maior eficiência nas atividades de auditoria. Sua implementação inspirou outros Tribunais de Contas, como o de Rondônia (ContaAI) e o dos Municípios da Bahia (Barbosa), demonstrando como a IA pode ser adaptada às necessidades específicas de cada instituição.

Essa adaptação tecnológica tem se mostrado eficaz não só na aceleração das análises, mas também na melhoria da precisão das decisões, uma vez que os sistemas são capazes de identificar e sinalizar possíveis problemas com uma clareza maior que a análise humana tradicional.

O Tribunal de Contas da União (TCU) também se destaca na incorporação de IA em suas operações. Desde 2016, o TCU investe em soluções como os sistemas ALICE e SOFIA, que auxiliam na análise de editais e na orientação de auditores. Em 2023, o TCU implementou o ChatTCU, um assistente virtual baseado em IA generativa que integra diversos sistemas internos, facilitando tarefas como análise de documentos e consultas administrativas, colocando o TCU na vanguarda do uso de IA no setor público. A utilização do ChatTCU, por exemplo, permite que a comunicação interna do tribunal seja mais ágil e precisa, além de otimizar a interação com os cidadãos e gestores públicos, que podem esclarecer dúvidas e realizar consultas de forma mais rápida.

A adoção de IA nos Tribunais de Contas resulta em diversos benefícios, como o aumento da eficiência operacional, permitindo que os servidores se concentrem em atividades estratégicas; a detecção proativa de irregularidades, possibilitando a correção de problemas antes que se tornem críticos; a alocação eficaz de recursos, direcionando esforços para áreas com maior necessidade; e o fortalecimento da transparência e confiança pública, aumentando a credibilidade das instituições perante a sociedade. Ao integrar a IA aos seus processos, os Tribunais de Contas também se tornam mais capazes de fornecer informações claras e acessíveis para o público, promovendo maior engajamento da sociedade no acompanhamento da gestão pública.

Além disso, a IA tem sido uma aliada importante na detecção de fraudes e corrupção, identificando padrões suspeitos em transações financeiras e contratos públicos. Essa capacidade analítica fortalece a integridade das instituições e contribui para a redução de desperdícios e desvios de recursos. Com a habilidade de processar e cruzar dados de diversas fontes, os sistemas baseados em IA conseguem identificar anomalias que poderiam passar despercebidas por auditorias tradicionais, como contratos com cláusulas irregulares ou pagamentos em momentos suspeitos.

Em síntese, a integração da Inteligência Artificial nas atividades dos Tribunais de Contas representa um avanço significativo na modernização da administração pública, contribuindo para uma gestão mais transparente, eficiente e orientada por dados. No entanto, é essencial que a implementação dessas tecnologias seja acompanhada de políticas claras de governança de dados, investimentos contínuos em capacitação técnica e uma abordagem ética que garanta a proteção de informações sensíveis e a mitigação de vieses algorítmicos. Para que a IA desempenhe de fato um papel transformador e não comprometa os princípios da administração pública, como a impessoalidade, moralidade e publicidade, é necessário que as instituições se empenhem na criação de uma regulamentação robusta e na formação de uma cultura de integridade, que assegure que as tecnologias sejam utilizadas de maneira justa e responsável.

EXEMPLOS PRÁTICOS

A adoção da Inteligência Artificial pelos Tribunais de Contas tem se expandido significativamente nos últimos anos, com diversas instituições implementando soluções tecnológicas inovadoras para aprimorar seus processos de fiscalização, auditoria e controle externo. Essas ferramentas, que vão desde sistemas de análise de dados até assistentes virtuais baseados em IA generativa, visam aumentar a eficiência operacional, melhorar a detecção de fraudes e automatizar tarefas repetitivas, contribuindo para uma gestão pública mais transparente, eficiente e orientada por dados. A incorporação dessas tecnologias tem transformado a forma como os Tribunais de Contas operam, permitindo que enfrentem os desafios de um mundo cada vez mais digital e baseado em grandes volumes de informações.

Um exemplo notável é o Tribunal de Contas do Estado de São Paulo (TCESP), que, desde junho de 2023, implementou a Assistente Natural com Inteligência Artificial (ANIA). Baseada na plataforma do ChatGPT, a ANIA é uma ferramenta de IA generativa que agiliza a análise de documentos, proporcionando maior eficiência e precisão nas atividades de auditoria.

A ANIA tem sido utilizada para revisar processos, elaborar resumos de documentos e responder a consultas técnicas, liberando os servidores para atividades mais estratégicas. O sucesso de sua implementação inspirou outros Tribunais de Contas no Brasil a criarem ferramentas similares, evidenciando o potencial da IA para transformar o controle externo. O Tribunal de Contas do Estado de Rondônia (TCE-RO), por exemplo, disponibiliza aos seus servidores a ferramenta ContaAI, que proporciona maior eficiência e precisão nas tarefas, automação de processos e acesso rápido a informações relevantes. Já o Tribunal de Contas dos Municípios da Bahia (TCM-BA) lançou a plataforma Barbosa, que auxilia na análise de documentos e na prestação de contas, homenageando o jurista Rui Barbosa. Essas iniciativas ilustram como a IA está sendo adaptada às necessidades específicas de cada instituição, promovendo a modernização e a eficácia das atividades de fiscalização.

A implementação de IA nos Tribunais de Contas tem proporcionado diversos benefícios, que vão além da simples automação de tarefas. A automação de processos repetitivos, como a análise de documentos e a revisão de contratos, aumenta a produtividade dos servidores, permitindo que se concentrem em atividades estratégicas, como a análise de casos complexos e a tomada de decisões. A análise de grandes volumes de dados e a identificação de padrões anômalos auxiliam na detecção proativa de irregularidades, fortalecendo a integridade das instituições públicas e prevenindo desperdícios e desvios de recursos. Além disso, a utilização de assistentes virtuais e chatbots baseados em IA melhora o atendimento ao cidadão, fornecendo respostas rápidas e precisas a perguntas frequentes e auxiliando na resolução de problemas, o que aumenta a satisfação dos usuários e a confiança nas instituições públicas.

No entanto, a adoção de IA nos Tribunais de Contas também enfrenta desafios significativos, que precisam ser cuidadosamente gerenciados para garantir que os benefícios da tecnologia sejam plenamente alcançados. Um dos principais desafios é a transparência dos processos decisórios baseados em IA. É essencial que cidadãos e servidores compreendam como as decisões são tomadas, especialmente em casos que envolvem a aplicação de algoritmos complexos. A falta de transparência pode gerar desconfiança e questionamentos sobre a legitimidade das decisões. Outro desafio crítico é a presença de vieses nos dados utilizados para treinar os sistemas de IA, o que pode levar a decisões injustas ou discriminatórias. Para mitigar esse risco, é crucial monitorar e corrigir esses vieses, garantindo que os sistemas de IA sejam justos e equitativos. Além disso, a rápida evolução das tecnologias de IA exige a criação de normas e diretrizes específicas que orientem seu uso ético e responsável nos Tribunais de Contas, garantindo conformidade com a legislação vigente e proteção dos direitos dos cidadãos.

Outro ponto de atenção é a proteção de dados, especialmente em um contexto em que os sistemas de IA lidam com informações sensíveis e confidenciais. A implementação de políticas robustas de governança de dados e a adoção de medidas de segurança cibernética são fundamentais para evitar vazamentos e garantir a privacidade dos cidadãos. Além disso, a capacitação técnica dos servidores é essencial para que possam utilizar as ferramentas de IA de forma eficiente e responsável. Investimentos contínuos em treinamento e desenvolvimento profissional são necessários para garantir que os servidores estejam preparados para lidar com as novas tecnologias e extrair o máximo de seu potencial.

Em síntese, a integração da Inteligência Artificial nos Tribunais de Contas representa um avanço significativo na modernização da administração pública, contribuindo para uma gestão mais transparente, eficiente e orientada por dados. No entanto, é fundamental que a implementação dessas tecnologias seja acompanhada de políticas claras de governança de dados, investimentos contínuos em capacitação técnica e a superação dos desafios éticos e regulatórios. A adoção de uma abordagem equilibrada, que combine inovação e responsabilidade, garantirá que os benefícios da IA sejam plenamente alcançados, fortalecendo o controle externo e promovendo uma gestão pública mais alinhada aos interesses da sociedade. Assim, os Tribunais de Contas poderão seguir cumprindo sua função crucial na supervisão dos recursos públicos, ajudando a promover o desenvolvimento sustentável e a justiça social.

O CASO TRIBUNAL DE CONTAS DO ESTADO DO RIO DE JANEIRO

Tendo em vista as diretrizes de gestão que preconizam a implantação de ferramentas de Inteligência Artificial (IA) como elemento potencializador das atividades do Tribunal de Contas do Estado do Rio de Janeiro (TCE-RJ), a Secretaria-Geral da Presidência (SGPres), por intermédio da Subsecretaria de Tecnologia da Informação (STI), propôs, como passo inicial, a criação de um Comitê de Inteligência Artificial. Esse comitê será composto por representantes das diversas áreas da instituição, com o objetivo de garantir uma abordagem multidisciplinar e integrada no processo de adoção da nova tecnologia. A proposta normativa já foi aprovada e está em vias de ser publicada, marcando um marco importante na trajetória de modernização do TCE-RJ.

O referido comitê desempenhará um papel fundamental ao permitir os debates necessários para assegurar governança ao processo de implantação da IA, de forma segura e regulamentada. Além disso, o comitê servirá como um canal institucional para viabilizar inovações que façam uso dessa tecnologia, especialmente considerando que muitas dessas inovações costumam surgir de forma bottom-up, ou seja, a partir de servidores que trabalham diretamente com os processos que podem ser transformados pela IA. Dessa forma, o comitê garantirá que as iniciativas inovadoras tenham um caminho claro e institucional para sua implementação, promovendo a integração da IA de maneira estruturada e alinhada aos objetivos estratégicos do TCE-RJ.

Paralelamente à sugestão de implantação do Comitê de IA, a SGPres propôs a realização de um evento que abordará a temática da Inteligência Artificial como ferramenta de apoio às atividades do TCE-RJ. Organizado em conjunto pela STI e pela Subsecretaria de Planejamento (SSP), o evento tem como objetivo não apenas discutir as aplicações práticas da IA, mas também fomentar o estabelecimento de uma cultura de inovação dentro da organização. O evento está previsto para ocorrer no dia 03 de abril do ano corrente e já foi amplamente divulgado internamente, gerando expectativa e interesse entre os servidores.

No que diz respeito à infraestrutura necessária para a implantação da IA em nível institucional, a STI já concluiu a contratação de um serviço de processamento de IA em nuvem. Essa solução tecnológica é capaz de prover os créditos necessários para que os motores de IA selecionados possam ser disponibilizados aos servidores, com contextos específicos construídos para as tarefas que forem estabelecidas nessa primeira fase. Essa infraestrutura em nuvem representa um avanço significativo, pois oferece a escalabilidade e a flexibilidade necessárias para suportar as demandas crescentes de processamento de dados e análise de informações.

A STI, em colaboração com servidores da Coordenadoria de Informação e Conhecimento (CIC) e participantes do Programa de Pesquisa da Escola de Contas e Gestão (ECG), desenvolveu quatro aplicações funcionais utilizando IA, que estão em fase experimental. Essas aplicações serão apresentadas durante o evento, com o intuito de divulgar e inaugurar o uso institucional dessa tecnologia de caráter disruptivo. Além disso, a apresentação dessas soluções visa apontar caminhos para as diversas áreas do TCE-RJ, incluindo a atividade de controle externo, quanto às possibilidades de uso da IA nos processos de trabalho. Essas aplicações experimentais representam um primeiro passo concreto na integração da IA no cotidiano do Tribunal, demonstrando seu potencial para transformar e otimizar as atividades de fiscalização e controle.

Vale destacar que o TCE-RJ já utiliza, há alguns anos, soluções de IA não generativas, como machine learning, para finalidades específicas, como a normalização de nomes de cargos e itens de catálogos. Embora essas soluções não tenham alcance em todas as áreas de atuação do Tribunal, elas têm possibilitado avanços significativos no controle de atos de contratação de pessoal e na análise de acumulação indevida de cargos públicos. Além disso, desde 2017, o TCE-RJ utiliza um componente de IA em uma das tipologias do indicador IRIS, que é empregado para análise de riscos em contratações públicas. Esse componente identifica empresas contratadas cujos endereços informados das sedes não são verdadeiros, contribuindo para a prevenção de fraudes e irregularidades.

Nesse contexto, a SGPres, por meio da STI, em parceria com a ECG, propôs a criação de cursos de capacitação em IA para os servidores do TCE-RJ. Esses cursos têm como objetivo disseminar os conhecimentos necessários para a implementação institucional da nova tecnologia, além de contribuir para o estabelecimento de uma cultura de inovação no Tribunal. A capacitação dos servidores é um elemento crucial para garantir que a IA seja utilizada de forma eficiente e responsável, maximizando seu potencial transformador.

O TCE-RJ adotou o TCEract, uma tecnologia de reconhecimento óptico de caracteres (OCR) que utiliza redes neurais artificiais para extrair texto de imagens. Essa ferramenta permite transformar documentos digitalizados em arquivos de texto pesquisáveis, facilitando a consulta processual e garantindo maior agilidade no acesso à informação pública. O TCEract foi baseado no Tesseract, uma ferramenta gratuita disponibilizada pelo Google, e já processou mais de dois milhões de documentos existentes no banco de dados do Tribunal, demonstrando sua eficácia e utilidade.

Essas iniciativas refletem o compromisso do TCE-RJ em modernizar seus processos e aumentar a eficiência na fiscalização dos recursos públicos, utilizando tecnologias de ponta para aprimorar a gestão pública e promover maior transparência.

DESAFIOS E POTENCIALIDADES DA IA NOS TRIBUNAIS DE CONTAS

A integração da Inteligência Artificial nos Tribunais de Contas representa um marco na modernização da administração pública, proporcionando maior eficiência, precisão e transparência nos processos de fiscalização e auditoria. Ferramentas como ALICE, ANIA e ContaAI evidenciam o potencial dessas tecnologias para otimizar a análise de documentos, identificar irregularidades e agilizar a tomada de decisões.

No entanto, a adoção da IA nesses órgãos também impõe desafios que exigem atenção. A capacitação técnica dos servidores, a governança dos dados e a mitigação de vieses algorítmicos são aspectos essenciais para que os benefícios da tecnologia sejam plenamente aproveitados, sem comprometer a imparcialidade e a segurança jurídica das decisões. Além disso, a regulamentação do uso da IA no setor público deve ser constantemente revisada e aprimorada, garantindo sua aplicação de forma ética e alinhada ao interesse coletivo.

Diante desse cenário, é fundamental que os Tribunais de Contas busquem equilibrar inovação e responsabilidade, adotando políticas que assegurem a confiabilidade e a transparência dos sistemas de IA. A definição de diretrizes claras, a capacitação contínua dos profissionais e a colaboração com instituições acadêmicas e tecnológicas são estratégias indispensáveis para fortalecer o controle externo e aprimorar a gestão pública.

"O modelo de decisões apoiadas em inteligência artificial para o exercício do controle externo pelos tribunais de contas" (Barros & Destro, 2024, p. 67-80).

Além disso, é importante reconhecer que o uso da Inteligência Artificial nos Tribunais de Contas encontra seus limites na capacidade de interpretar os dados à luz da realidade concreta dos jurisdicionados. A análise puramente técnica ou algorítmica, se desconectada das condições socioeconômicas e estruturais dos entes da federação, pode resultar em decisões desproporcionais e injustas. Por isso, é essencial que o julgamento humano complemente as análises produzidas pela IA considerando as especificidades regionais e o contexto vivido pela população em determinado momento. O objetivo último do controle externo deve ser sempre o bem-estar social e a promoção da justiça, e não apenas a eficiência mecânica dos processos.

Assim, o futuro da IA nos Tribunais de Contas dependerá de um compromisso contínuo com a inovação responsável, promovendo não apenas avanços tecnológicos, mas também a evolução da governança e da fiscalização pública, pautada na sensibilidade humana e no compromisso com a realidade do país.

REFERÊNCIAS BIBLIOGRÁFICAS

Barros, H. C., & Destro, C. R. F. (2024). O modelo de decisões apoiadas em inteligência artificial para o exercício do controle externo pelos tribunais de contas. Revista De Ciências Jurídicas E Sociais Da UNIPAR, 27(1), 67–80. Acesso em 24 de março de 2025, https://doi.org/10.25110/rcjs.v27i1.2024-11228

Bitencourt, C. M., & Martins, L. H. N. (2023). A inteligência artificial nos órgãos constitucionais de controle de contas da administração pública brasileira. Revista de Investigações Constitucionais, 10(3), e253. Acesso em 24 de março de 2025, https://doi.org/10.5380/rinc.v10i3.93650

Caldera, L. C. I. (2023). Duas formas de pensar: insights da economia comportamental e inteligência artificial nos processos decisórios de controle externo do Tribunal de Contas da União (TCU). Acesso em 24 de março de 2025, https://bdtd.ucb.br:8443/jspui/handle/tede/3266

Carvalho, S. S. T. N. (2021). Impacto da inteligência artificial na atividade de auditoria: equacionando gargalos nos repasses da união para entes subnacionais. Cadernos de Finanças Públicas, 21(1). Acesso em 24 de março de 2025, https://doi.org/10.55532/1806-8944.2021.124

Comba, B. B., Sacabeto, I. S., Caetano, L. M. D., & Bandiri, S. Y. M. (2024). Inteligência Artificial na gestão pública: desafios e oportunidades. Pesquisa e Ensino em Ciências Exatas e da Natureza, 8, 01-06. Acesso em 24 de março de 2025, https://doi.org/10.56814/pecen.v8ie.2135

Corrêa, N. K., de Oliveira, N. F., & Massmann, D. F. (2022). Sobre a eficiência da ética como ferramenta de governança da inteligência artificial. Veritas (Porto Alegre), 67(1), e42584-e42584. Acesso em 24 de março de 2025, https://doi.org/10.15448/1984-6746.2022.1.42584.

Costa, A., Azevedo, I. A. D., & Souza, S. D. S. (2024). O uso da inteligência artificial nas atividades de auditoria das ifes brasileiras: uma reflexão teórica. Acesso em 24 de março de 2025, https://repositorio.ufsc.br/handle/123456789/260848

Costa, M. B., & Bastos, P. R. L. (2020). Alice, Monica, Adele, Sofia, Carina e Ágata: o uso da inteligência artificial pelo Tribunal de Contas da União. Controle Externo: Revista do Tribunal de Contas do Estado de Goiás, Belo Horizonte, ano, 2, 11-34. Acesso em 24 de março de 2025, https://atricon.org.br/wp-content/uploads/2023/06/Revista-Controle-Externo-Pandemia.pdf#page=12

de Araujo, V. S., Zullo, B. A., & Torres, M. (2020). Big Data, algoritmos e inteligência artificial na Administração Pública: reflexões para a sua utilização em um ambiente democrático. A&C-Revista de Direito Administrativo & Constitucional, 20(80), 241-261. Acesso em 24 de março de 2025, https://doi.org/10.21056/aec.v20i80.1219

de Matos, M. A. (2024). Inteligência artificial e a sua regulamentação. Revista Políticas Públicas & Cidades, 13(2), e1477-e1477. Acesso em 24 de março de 2025, https://journalppc.com/RPPC/article/view/1477

de Souza, E. G., de Sales Cabral, I. P. L., & de Carvalho, R. L. (2023). Tendências nos projetos de desenvolvimento de sistemas no setor público. Gestão e Projetos: GeP, 14(3), 55-71. Acesso em 24 de março de 2025, https://dialnet.unirioja.es/servlet/articulo?codigo=9195905

Instituto Rui Barbosa, Associação dos Membros dos Tribunais de Contas do Brasil e Tribunal de Contas do Estado de São Paulo. (2024) Inteligência Artificial nos Tribunais de Contas: avanços e desafios. 1ª ed. Brasília: IRB, 2024. Acesso em 24 de março de 2025, https://irbcontas.org.br/biblioteca/inteligencia-artificial-nos-tribunais-de-contas-avancos-e-desafios/

Lima, E. C. P. (2004) Revolução silenciosa: o potencial da Inteligência Artificial na administração pública e nos Tribunais de Contas. Instituto Rui Barbosa. Acesso em 24 de março de 2025, https://irbcontas.org.br/artigos/

revolucao-silenciosa-o-potencial-da-inteligencia-artificial-na-administracao-publica-e-nos-tribunais-de-contas/

Menezes, A. P. V. C. (2021). Inteligência artificial para identificação de indícios de fraude e corrupção em compras públicas no TCU. Acesso em 24 de março de 2025, https://repositorio.idp.edu.br//handle/123456789/4176

Pacheco, M. C. (2024). Perceção de auditores acerca do impacto da Inteligência Artificial na Auditoria Externa. Acesso em 24 de março de 2025, https://hdl.handle.net/10216/162636

Romano, V. T. (2024). O processo de modernização da administração pública: uma análise no âmbito do Tribunal de contas do estado de Mato Grosso (2006-2021). Acesso em 24 de março de 2025, https://repositorio.idp.edu.br//handle/123456789/5138

Savério, N. A., & Nicolas, M. A. (2022). O uso da inteligência artificial pela Administração Pública brasileira como ferramenta de controle institucional externo. Encontro Brasileiro de Administração Pública. Acesso em 24 de março de 2025, https://www.sbap.org.br/ebap/index.php/home/article/view/835

Valença, G., Chaves, A. C., & Brandão, W. (2024). Inteligência Artificial no Controle Externo–Qual é a Visão de Profissionais de Auditoria dos Tribunais de Contas?. In Workshop de Computação Aplicada em Governo Eletrônico (WCGE) (pp. 230-237). SBC. Acesso em 24 de março de 2025, https://doi.org/10.5753/wcge.2024.2531

Vasconcelos, M. O. Análise automática de concessão de atos de aposentadoria pelo Tribunal de Contas do DF com auxílio de Aprendizado de Máquina. Acesso em 24 de março de 2025, https://d1wqtxts1xzle7.cloudfront.net/64605504/_MarceloMineracao06-libre.pdf?1601948161=&response-content-disposition=inline%3B+filename%3DUNIVERSIDADE_DE_BRASILIA_Analise_automat.pdf&Expires=1742849602&Signature=BPAulnw~ajOiQ~vhG9fS8c1KKaIILdCc~bNjyYvbzV7~nq7OZt5~vvxStELHoKjRWYYDSN1Yh39NTTFw-AD0z4wCiw5ezJUNPq7Yime~BaJuMtjj2ffC3Z4sfZhQvW-y0JXvQqyvQcBd9qKasu5N9UWI0KKlvu2FPYvz7aAQuU-oRXk8S~sNU4LoYbka2m~7vJlh9NyS3KgWA~xvGuBGPiZ4ObOLdWsfFe~1E1R1cmYt4M1~l

VMR5eJo-EG~NEu8ml39ErFrdJPZmy-z5uOpY6QbiPBXOEbNuVyCm7k1~ljEWSENm4Bkp30B4rnxc-mO9VtHgevtL4y0IzvBU3HgQ__&Key-Pair-Id=APKAJLOHF5GGSLRBV4ZA

Viana, J. C. P., Moraes, W. B., & Cintra, D. G. B. (2021). Auditoria Auditoria de Controle Externo. Revista de Estudos Interdisciplinares do Vale do Araguaia-REIVA, 4(03), 12-12. Acesso em 24 de março de 2025, https://reiva.unifaj.edu.br/reiva/article/view/195

Made in the USA
Monee, IL
04 November 2026

67385770R00125